中 国 建 筑
彩画粉本

北京市园林古建工程有限公司
杨宝生 著

中国建筑工业出版社

图书在版编目（CIP）数据

中国建筑彩画粉本／北京市园林古建工程有限公司，杨宝生著，—北京：中国建筑工业出版社，2017.7
ISBN 978-7-112-20889-0

I. ①中… II. ①北… ②杨… III. ①古建筑－彩绘－中国－图集 IV. ①TU-851

中国版本图书馆CIP数据核字（2017）第148602号

本书是作者经过多年的潜心研究，对历史资料进行了充分的挖掘、整理、分析并加以总结之后著写而成。全书内容原创性极高，作者的观点独到，史料翔实。

全书分七章：中国建筑彩画粉本概述、现存最早的粉本、中国建筑彩画谱子研究、彩画式样、中国建筑彩画粉本、颐和园连环画（小人书）粉本、中国建筑彩画粉本人物绘画。

本书适合对中国建筑彩画、壁画、绘画等感兴趣的广大学者、学生及普通读者阅读使用。

责任编辑：张伯熙
责任校对：李美娜　王雪竹

中国建筑彩画粉本
北京市园林古建工程有限公司
杨宝生　著
*
中国建筑工业出版社出版、发行（北京海淀三里河路9号）
各地新华书店、建筑书店经销
北京美光设计制版有限公司制版
北京富诚彩色印刷有限公司印刷
*
开本：965×1270毫米　1/16　印张：19 3/4　字数：746千字
2018年1月第一版　2018年1月第一次印刷
定价：190.00元
ISBN 978-7-112-20889-0
(30534)

前言

Forward

笔者于1978年开始从事古建筑专业工作，并在1985年进修了建筑学。1987年我在香山公园管理工作的实践中学习了园林绿化专业知识。因此，我走的是古建筑、建筑学、园林绿化三个专业合一的路子。古建领域中的瓦作、石作、木作，我对其进行了系统地学习和实践；但对古建筑油漆和彩画专业知识仅仅了解，未能悟透。于是从2008年开始研习中国建筑彩画，研究重点是皇家园林，皇家园林的重点是颐和园，颐和园的重点是长廊。

为庆祝北京市园林古建工程有限公司成立60周年，笔者编著的《颐和园长廊苏式彩画》于2013年4月由中国建筑工业出版社出版、发行。该著作是第一部文物建筑保护单项工程中的专项工程专著，并将中国建筑彩画粉本首次写入著作中。

自2008年始，笔者开始了中国建筑彩画粉本的收集工作。但经过10年的不懈努力，收集了大量古建筑彩画粉本，使《中国建筑彩画粉本》一书得以问世。

画家和工匠绘画技法乃同宗同源。彩画绘画遵循气运生动、古法用笔、随类附彩、精营位置的“四法”，与画家们遵循的南齐·谢赫绘画“六法”相一致，这不是画工创造，而是选取绘画“六法”中最适用于彩画绘画的“四法”而已。彩画上的一些工艺远比绘画、壁画的方法简便、经济，如，矿物质颜料是需要研漂的，宋《营造法式》彩画作制度中的“取石色之法”远比《芥子园画传》画谱中研漂方法要简便实用得多；敦煌壁画1000年前使用的“刺孔”和今天彩画工匠沿用的“谱子”工艺做法是完全一样的。于非闇在他的《中国画颜色的研究》中说道：“民间画工从前画和塑释道供养神像和在建筑上进行彩画用的颜色和敦煌艺术所使用过的种类和手法是一脉相传的。他们在使用颜色方面和文人画家用色的情况有明显的区别。彩画还讲究‘堆金沥粉’（沥粉又叫立粉），讲究勾填，还讲究一笔蘸数色，画出几样色彩，使人看了发生立体感”。

历来对从事彩画专业的人，人们称其为“彩画工”或“彩画匠”；对从事绘画、壁画专业的人，人们称其为“画师”或“画家”。本书对“彩画匠”沿用的谱子、粉本的应用、绘画颜料、绘画技法等进行了总结，当读者读完《中国建筑彩画粉本》之后，对“彩画匠”的认识也许会有所改变。

笔者只是现今中国建筑彩画粉本研究的先行者，希望本书能抛砖引玉，带动更多的专业人士，按区、按线、按点地收集、整理彩画粉本，并对其进行广泛、细致的研究，使中国建筑彩画粉本得以传承。笔者更渴望各行各业的人士都能够收集、整理、研究各自的粉本，成就一部《中国粉本》的专著。

由于本人水平有限，书中难免有诸多不妥之处，恳请读者谅解。

目录 Contents

目录 Contents

第一章
中国建筑彩画粉本概述

第一节
彩画粉本的研究

一、耿刘同老师为我解读“粉本”

2008 年 5 月，我开始研习皇家园林苏式彩画，遇到的最困惑的问题是闹不清彩画中绘画的内容是什么？在我一筹莫展的时候，耿刘同老师为我讲解了“粉本”（图 1-1-1）。耿老打开《汉语大词典 · 9》第 199 页，找到“粉本”一词：“[粉本] ①画稿。古人作画，先施粉上样，然后依样落笔，故称画稿为粉本。②指图画。③比喻底本、基础等。”耿老进一步解释道：粉本包括彩画上使用的谱子、小样以及画工绘画时参照的稿本等。特别是彩画用的谱子，大概只有彩画作还在沿用这种古老的方法，直到今天还没有更好的方法可以替代它。园林古建公司老画师都有各自的粉本，李作宾使用的粉本就是一本老的画册。耿老又找出《中国画》画册来举例说明：1973 年，他在颐和园如意庄绘画的草虫花鸟包袱，就是参照 1959 年第 6 期《中国画》画册中清 · 俞莲洲“花卉草虫册之二”绘画的。《中国画》画册便是耿老使用的粉本，封面上还有“复姓耿刘”的印章（图 1-1-2a、图 1-1-2b、图 1-1-2c）。

中国建筑彩画使用粉本的事实并不是我的发明创造，而是耿刘同老师教导于我的，我只是抓住了机遇，凛尊教导，开始了中国建筑彩画粉本的收集和研究工作。

从古至今，中国建筑彩画方面的书籍和刊物从未提及“粉本”一词。2012 年由笔者首次将“粉本”写入《颐和园长廊苏式彩画》一书，在中国建筑彩画粉本的传承研究上开了个头。当时因手头粉本匮乏，只在第四章“长廊人物绘画”第一节中介绍了“人物绘画粉本”，从七个方面作了简要地说明。

二、公司老前辈提供的粉本

1. 冯义老前辈提供的粉本

冯义是园林古建公司专攻线法绘画的大师（图 1-1-3）。师从郑守仁，学艺于师叔张举善。收徒包一键、张民光。冯义画师提供的粉本有：

（1）张举善画师线法课徒画稿：冯义画师的师傅是线法泰斗郑守仁，张举善是郑守仁师弟，张举善画师便是冯义师叔。冯义出师是张举善手把手教出来的。张举善还特意为冯义画了一幅线法课徒画稿，上面的线条特别多，目的是让冯义练好基本功，打下扎实的线法线条的基础（图 1-1-4）。

（2）冯珍花鸟课徒画稿：冯珍画师从师张瑞。冯义是冯珍的侄子。冯珍主要从事宫灯绘画，当园林古建公司有彩画活儿时，便会抽出时间来帮忙，颐和园苏式彩画中有不少他的作品。冯珍将两幅绢本花鸟送给冯义作为练习的范本，其中，一幅是喜鹊，另一幅是鹩哥（图 1-1-5）。还特意为冯义绘画了“桃柳燕”课徒画稿（见图 7-2-2b）。

（3）异兽粉本：冯义画师还收藏着一些异兽粉本，其中 1 张人物，1 幅老虎，可惜已不知是哪一位老画师的作品（图 1-1-6a、图 1-1-6b、图 1-1-6c、图 1-1-6d）；

（4）柁头彩画谱子：李福昌是园林古建公司“六场通透”的老画师，人物、山水、走兽等无所不能，无所不精。1973 年，颐和园景福阁彩画时担任“掌作”（工长）的李福昌画师，设计了聚锦壳等各种纹饰及柁头彩画谱子。他为景福阁柁头彩画起了 22 张谱子，使用后的柁头谱子被有心的冯义画师收藏了 9 张。每张谱子的背面可见用锥子刺成的针孔（图 1-1-7a、图 1-1-7b）。其中一张谱子和对应的柁头彩画的扇骨上都写有“一九七三年”，这也是画工的一种习惯做法，在不经意处告诉人们油漆彩画的施工时间（图 1-1-8a、图 1-1-8b）；

（5）线法式样：冯义画师还收藏了自己绘画的 4 幅线法式样（见图 4-1-4a、图 4-1-4b）。

2. 刘玉明老前辈提供的粉本

刘玉明是园林古建公司油作大师，现任北京市文物局油漆作专家组组长（图 1-1-9a）。师从赵立德。收徒李海先、郭维和。他曾为笔者讲了古建行当的“八大作”（作，工种），即瓦、木、土、石、扎，油漆、彩画、抓。其中：扎，搭彩作，即架子工种；抓，抓胎，即塑像工种。辛亥革命后，“抓”改为“糊”，去掉了被认为是迷信范畴的“抓胎”，将最贴近于老百姓的“裱糊作”纳入古建筑行当八大作之一。

“油漆”是油作和漆作的统称。油，桐油；漆，大漆。刘玉明不但油作技艺精湛，且精通大漆及“抓胎”工艺技法，可谓油漆作的全才（图 1-1-9b）。他为笔者提供了极为珍贵的粉本：

（1）张仕杰人物“课徒画稿”：张仕杰是北京知名的彩画作大师，是彩画作的全才。原就职于北京市第二房屋修缮工程公司古建处，园林古建公司的老画师冯庆生、杨继民都是他的弟子。1951 年春收杨继民为徒。张仕杰画师为徒弟杨继民精心绘制了一套人物课徒画稿，不但画得好，且数量多，其中八仙人物绘画了 24 幅，分上八仙、中八仙、下八仙及仕女等人物绘画，非常难得（图 1-1-10a、图 1-1-10b、图 1-1-10c、图 1-1-10d、图 1-1-10e）。刘玉明与杨继民是“担挑”，杨先生过世后，张仕杰的课徒画稿便由刘玉明收藏了。

（2）张仕杰异兽画稿：张仕杰画了一套“异兽”白描稿，

第一张题有“张仕杰 异兽”，左边是老建工局总工程师郭云刚的签名，右边是老画师郑书本（蒋广全师傅）的签名。签名的含义可能是说：“异兽”画稿是张仕杰绘画的，郑书本鉴定的，郭云刚收藏的（图 1-1-11）。这套异兽画稿曾多次复印，在画工之间流传，成为公共的异兽研习绘画的稿本。这套异兽画稿，刘玉明收藏的仅有 7 张复印件（图 1-1-12a、图 1-1-12b）。原件何在，数量多少还有待查寻。

（3）《近代名画大观》：刘玉明先生收藏的《近代名画大观》一书，李作宾大师曾在 1959 年长廊彩画时借用过，时间达两年之久，成为李作宾画师使用的粉本之一。李作宾在长廊、谐趣园留下的绘画中有几十幅作品都是以《近代名画大观》一书为粉本绘画的。

三、公司画师提供的粉本

1. 王光宾画师提供的粉本

王光宾师承冯庆生、王仲杰，擅长人物绘画，担任多项工程彩画掌作。她绘制的粉本，主要是颐和园彩画摹本，大都由颐和园管理处归档收藏，并用于颐和园管理处编写的书籍和刊物。提供给笔者的是部分照片和复印件，其中，最主要的是长廊四个八角亭上的迎风板人物绘画摹本，其他一少部分由园林古建公司传承办收藏。王光宾画师提供的摹本，式样将在下面陆续介绍。

2. 张民光画师提供的粉本

张民光是园林古建公司的一名擅长人物绘画的画师，师从冯义画师。他嗜好各种形式版本绘画的收藏，可谓彩画粉本收藏的“虫”。他赠予笔者的粉本最多，三国演义题材的粉本就有多种版本：《图像三国志》、《连环图画三国志》、《三国演义》连环画、《三国演义连环画》合订本。此外，还有《书韵楼丛刊》《聊斋志异图咏》《钱慧安白描精品选》等等。张民光赠予的粉本，成就了《颐和园长廊苏式彩画》一书的出版发行，也为笔者研究中国建筑彩画粉本奠定了基础。

张民光提供的李作宾“举案齐眉”自用画稿已收录于《颐和园长廊苏式彩画》一书。他提供的孔令旺“白毛女”彩画式样也被此书选用。李作宾、孔令旺是园林古建公司两位人物绘画大师，他们的自用画稿和彩画式样尤为珍贵(见图 7-1-3b、图 4-1-5b)。

3. 罗德阳画师提供的粉本

罗德阳是园林古建公司的一名画师。1990 年，园林古建公司承接了北京柏林寺行宫院油漆彩画工程，罗德阳任项目经理。他将柏林寺行宫院修缮前他拍摄的照片和他及张京春、包一键、杨翠萍绘制的 4 幅彩画式样全赠予了笔者（见图 4-2-7a、图 4-2-7b、图 4-2-7c、图 4-2-7d）。拍摄的照片便是彩画式样绘制的粉本（图 1-1-13a、图 1-1-13b、图 1-1-13c）。

第二节
古代文献粉本记述摘记

历代关于粉本的记载颇多，最早的粉本记述可追溯到公元 4 世纪的南北朝。现将笔者查到的关于粉本的记载罗列于后，与读者共享。

一、南北朝文献粉本记述摘记

南齐 · 谢赫绘画六法：“画有六法，一曰气韵生动、二曰骨法用笔、三曰应物象形、四曰随类赋彩、五曰经营位置、六曰传模移写是也（1926 年商务印书馆夏文彦《图绘宝鉴》卷一）。”

二、唐朝文献粉本记述摘记

1. 唐 · 王十朋集注

“唐明皇令吴道子往貌嘉陵山水，回奏云：‘臣无粉本，并记在心。’”

2. 唐 · 韩偓《商山道中》诗

“却忆往年看粉本，始知名画有工夫。”

3. 唐 · 张彦远《历代名画记》（人民美术出版社 1983 年 6 月第二次印刷版本）

（1）叙画之兴废：“天后朝张易之奏召天下画工修内库图画，因使工人各推所长，锐意模写。仍旧装背，一丝不差。”

（2）西京寺观等画壁：

· 慈恩寺：“大殿东廊从北第一院，郑虔、毕宏、王维等白画”。

· 龙兴观：“北面从西第二门，董谔（音 è）白画”。

· 菩提寺：“佛殿内东西壁，吴画神鬼，西壁工人布色，损。佛殿壁带间亦有杨廷光白画”。

（3）东都寺观等画壁：

· 敬爱寺：“佛殿内菩萨树下弥勒菩萨塑像，麟德二年自内出，王玄策取到西域所图菩萨像为样”。

· “讲堂内大宝仗 [开元三年史小净起样……生铜作并蜡样是李正、王兼亮、郑兼子]。……又大金铜香炉 [毛婆罗样……张阿乾蜡样]”。

（4）《历代名画记》卷五：“又恺之魏晋胜流画赞曰：‘凡

将摹者，皆当先寻此要，而后次以即事。凡吾所造诸画，素幅皆广二尺三寸，其素丝，邪者不可用，久而还正，则仪容失。以素摹素，当正掩二素，任其自正，而下镇使莫动其正，笔在前运，而眼向前视者，则新画近我矣。可常使眼临笔止，隔纸素一重，则所摹之本远我耳。'"

（5）《历代名画记》卷二：

·"论画体工用拓写。"

·"好事家宜置宣纸百幅，用法蜡之，以备摹写。古时好拓画，十得七八，不失神采笔踪。亦有御府拓本，谓之官拓。国朝内库、翰林、集贤、秘阁，拓写不辍，承平之时，此道甚行，艰难之后，斯事渐废。故有非常好本，拓得之者，所宜宝之，既可希其真踪，又得留为证验。"

·又《历代名画记》卷二云："叙师资传授南北朝时代"："靳智翼师于曹（曹创佛事画，佛有曹家样、张家样及吴家样）"。

4. 唐·段成式《寺塔记》（人民美术出版社1983年6月第二次印刷版本）

（1）《寺塔记》卷上：

·长乐坊安国寺："东禅院，亦曰木塔院，院门北西廊五壁，吴道玄弟子释思道画释梵八部，不施彩色。上有典刑。"

·长乐坊赵景公寺："隋开皇三年置，本曰弘善寺，十八年改焉。南中三门里东壁上，吴道玄白画地狱变，笔力劲怒，变状阴怪，靓之不觉毛戴（音cì），吴画中得意处。三阶院……院门上白画树石，颇似阎立德，予携立德行天祠粉本验之，无异。"

·平康坊菩提寺："故兴元郑公尚书……置寺，碑阴雕饰奇巧，相传郑法士所起样也。"

（2）《寺塔记》卷下：

翊善坊保寿寺："寺有先天菩萨帧，本起成都妙积寺……后塑先天菩萨，凡二百四十二首，首如塔势，分臂如意幔，其榜子有一百四十，日鸟树一，凤四翅，水肚树，所题深怪，不可详悉。画样凡十五卷。柳七师者，崔宁之甥，分三卷往上都流行……。"

三、宋朝文献粉本记述摘记

（1）北宋·苏东坡《阎立本职贡图》诗："粉本遗墨开明窗。"

苏东坡《书黄鲁直画跋后》："画有六法，赋彩拂澹，其一也，工尤难之。此画本出国手，只用墨笔，盖唐人所谓粉本。而近岁画师，乃为赋彩，使此六君子者，皆涓然作何郎傅粉面，故不为鲁直所取，然其实善本也。绍圣二年正月十二日，思无邪斋书。"

（2）北宋·郭若虚《图画见闻志》（人民美术出版社1983年6月第二次印刷版本）

卷二："赵元德，长安人，天复中入蜀。……得隋唐名手画样百余本，故所学精博。"

卷三："袁仁厚，蜀人。早师李文才，干德中至阙下，未久，还蜀，因求得前贤画样十余本持归……"

卷六："治平乙巳岁雨患，大相国寺……四面廊壁皆重修复，后集今时名手李元济等，用内府所藏副本小样，重临仿者，然其间作用，各有新意焉。"

（3）南宋·邓椿《画继》（人民美术出版社1963年8月第一次印刷版本）："晁补之，字无咎……作粉本以授画使孟仲宁，令传模之。菩萨仿侯昱，云气仿吴道玄，天王松石仿关同，堂殿草树仿周昉、郭忠恕，卧槎垂藤仿李成，崖壁瘦木仿许道宁，湍流山岭、骑从鞬服仿卫贤。马以韩干，虎以包鼎，猿、猴、鹿，以易元吉，鹤、白鹇、若鸟、鼠，以崔白，集彼众长，共成胜事。今人家往往摹临其本，传于世者多矣。"

四、元朝文献粉本记述摘记

1. 元·汤垕《画鉴》（人民美术出版社1963年1月第一版第三次印刷版本）

唐画："李昇画山水，尝见之。至京师，见'西岳降灵图'，人物百余，体势生动，有未填面目者，是稿本也。上有绍兴题印，若无之，是唐人稿本也。"

宋画："武宗元宋之吴生也。画人物，行笔如流水，神采活动。尝见'朝元仙仗图'，作五方帝君，部从服御，眉目顾盼，一一如生，前辈甚称赏之。"

画论："古人画稿，谓之粉本，前辈多宝蓄之。盖草草不经意处，有自然之妙。宣和所藏粉本，多有神妙者，宋人已自宝重。"

2. 元·夏文彦《图绘宝鉴》（商务印书馆1936年11月第三版本）

卷一："粉本：古人画稿谓之粉本。前辈多宝蓄之。盖其草草不经意处，有自然之妙。宣和、绍兴所藏粉本多有神妙者。"

卷二："滕王元婴，唐宗室也。善丹青，喜作蜂蝶。朱景玄尝见其粉本，谓：'能巧之外，曲尽精理。'"

五、明朝文献粉本记述摘记

1. 明·唐志契《绘事微言》（人民美术出版社1984年5月第一版版本）

（1）"画要看真山真水：……盖山水所难，在咫尺之间，有千里万里之势。不善者，从横画旧人粉本，其意原自远，到手落笔，反近矣。"

（2）"访旧：画家传模移写，自谢赫始。此法遂为画家捷径，盖临摹最易，神气难传。师其意而不师其迹，乃真临摹也。如巨然学北苑、元章学北苑、大痴学北苑、倪迂学北苑，一北苑耳，各各学之，而各各不相似；使俗人为之，定要笔笔与原本相同，若之何能明世也。”

（3）“院画无欵（音 kuǎn）：宋画院众工，凡作一画，必先呈稿本，然后上其所画山水人物花木鸟兽，多无名者。今国朝内画水陆及佛像亦然，金碧辉灿，亦奇物也。”

2. 明 · 董其昌《画禅室随笔》（国学整理社 1925 年 11 月初版《艺术格著丛刊》）

“画中山水位置皴法，皆各有门庭，不可相通。惟树木则不然。虽李成、董元、范宽、郭熙、赵大年、赵千里、马夏、李唐，上自荆关，下逮黄子久、吴仲圭辈，皆可通用也。或曰，须自成一家，此殊不然。如柳则赵千里，松则马和之，枯树则李成，此千古不易。虽复变之，不离本源，岂有舍古法而独创者乎？倪云林亦出自郭熙、李成，少加柔隽耳。如赵文敏则极得此意，盖萃古人之美于树木，不在石上着力，而石自秀润矣。今欲重临古人树木一册，以为奚囊。”

3. 明 · 王绂（音 fú）《书画见习录》

“古人画稿，谓之粉本。谓以粉作地，布置妥帖，而后挥洒出之，使物无遁形，笔无误落，前辈多宝蓄之。后即宗此法，摹拓前人笔迹，以成粉本。宣和绍兴间所藏粉本，多有神妙者。为临摹数十过，往往克绍古人遗意。今学者不求工于运思构局，绘水绘声之妙，往往自谓能画，而粉本之临摹者绝鲜，是所谓畏难而苟安也。”

六、清朝文献粉本记述摘记

1. 清 · 曹寅《寄姜绮季客江右》诗

“九日篱花犹寂寞，六朝粉本渐模糊。”

2. 清 · 方薰《山静居画论》（人民美术出版社 1962 年 3 月第一版第二次印刷版本）

（1）“今人每尚画稿，俗手临摹，率无笔意。往在徐丈蛰夫家，见旧人粉本一束，笔法顿挫如未了画，却奕奕有神气。昔王绎觏（音 gòu）宣、绍间粉本，多草草不经意，别有自然之妙。便见古人存稿，未尝不存其法，非似今日只描其腔子也！”

（2）“画稿谓粉本者，古人于墨稿上加描粉笔，用时扑入缣素，依粉痕落墨，故名之也。今画手多不知此义，为女红刺绣上样，尚用此法。不知是古画法也。”

（3）“临摹古画，先须会得古人精神命脉处。玩味思索，心有所得，落笔摹之；摹之再四，便见逐次改观之效。若徒以仿佛为之，则掩卷辄忘，虽终日模仿，与古人全无相涉。”

（4）“模仿古人，始乃惟恐不似，既乃惟恐太似。不似则未尽其法，太似则不为我法。法我相忘，平淡天然，所谓摈落筌（音 quán）蹄，为穷至理。”

（5）“古人摹画，亦如摹书。用宣纸法蜡之，以供摹写。唐时摹画，谓之拓画，一如‘阁帖’。有官拓本。”

（6）“世以水墨画为白描，古谓之白画。袁蒨有白画‘天女’、‘东晋高僧像’。展子虔有白画‘王世充像’，宗少文有白画‘孔门弟子像’。”

（7）“作画必先立意，以定位置。意奇则奇，意高则高，意远则远，意深则深，意古则古，庸则庸，俗则俗矣！”

（8）“写生无变化之妙，一以粉本钩落填色，至众手雷同，画之意趣安在。不知前人粉本，亦出自己手，故易元吉于圃中畜鸟兽，伺其饮啄动止，而随态图之。赵昌每晨起，绕阑谛玩其风枝露叶，调色画之。陶云湖闻某氏丁香盛开，载笔就花写之。并有生动之妙。所谓以造化为师者也。”

3. 清 · 邹一桂《小山画谱》（商务印书馆 1937 年 12 月初版版本）

（1）卷上：“昔人论画，详山水而略花卉，非轩彼而轾此也。……要之画以象形，取之造物，不假师传，自临摹家专事粉本，而生气索然矣。”

卷下：“定稿：古人画稿谓之粉本，前辈多宝蓄之，盖其草草不经意处有自然之妙也，宣和、绍兴所藏粉本，多有神妙者。可见画求其工，未有不先定稿者也。定稿之法，先以朽墨布成小景而后放之，有未妥处，即为更改。梓人画宫于堵，即此法也；若用成稿，亦须校其差谬损益，视幅之广狭大小而裁定之，乃为合式。今人不通画道，动以成稿为辞，毫厘千里，竟成痼疾，是可叹也。”

（2）“临摹即六法中之传模，但须得古人用意处，乃为不误，否则与塾童印本何异？夫圣人之言，贤人述之而固矣，贤人之言，庸人述之而谬矣。一摹再摹，瘦者渐肥，曲者已直，摹至数十遍，全非本来面目，此皆不求生理，于画法未明之故也。能脱手落稿，杼（音 zhù）轴予怀者，方许临摹。临摹亦岂易言哉。”

4. 清 · 汪鋆（研山）《扬州画苑录》

“幼师鲍君芥田，以其拙，而日夕临摹新罗山人至再至三，凡人物花鸟，以及走兽虫鱼无不入妙。”

5. 清末民初 · 罗振玉《石室秘录》

“叶德辉曰：‘近敦煌县千佛洞石室有画像范纸，以厚纸为之。上有佛像，不作钩廓，而用细针密刺孔穴代之。作画时，以此纸加于画上，而涂以粉，则粉透过针孔，下层便有细点。更就粉点部位，纵笔作线，则成佛像。’”

第三节
近现代文献粉本记述摘记

一、近代文献粉本记述摘记

1. 缪鸿若《题担当和尚画册》

“休嫌粉本无多剩，寸土伤心下笔难。”

2. 王道中《我怎样画工笔牡丹》（人民美术出版社 1985 年 4 月第三次印刷版本）

甲 什么是白描

“用不同变化的线条（粗、细、长、短、曲、直、顿挫、干、湿等）来表现物体的形象、质感和神态，不加渲染称之白描。白描在中国绘画艺术占有重要地位，它不仅是形象的筋骨，而且还具有相对独立的艺术性，到了宋代已成为独立的画科。如武宗元的《朝元仙仗图》和李公麟的许多作品，都是流传下来的有代表性的白描作品。”

丁 白描线的感情

“长短、粗细、曲直等不同变化的线，都是表达内容的一种形式，线怎能有感情？是的，线是表达内容的形式，但线是依靠笔来表达的，笔是依靠人来运用的，人对所要描绘的形象的理解、爱憎，都不能不付以感情。所以作者的感情将不可避免地、潜移默化地表现在线的变化中。”

二、日本学者粉本论

20 世纪 60 年代，“日本著名的美术史家秋山光和先生对敦煌经变画白描粉本做了开创性研究，认识到敦煌纸本画中存在洞窟壁画‘白描粉本’画稿，以 S.0259v《弥勒下生经变白描粉本》、P.tib.1293《劳度叉斗圣变白描粉本》为代表进行了探讨，分别就两份白描粉本与敦煌洞窟壁画相应经变画进行了详细比较。通过对敦煌石窟壁画中的相关内容的考察，深入地探讨了画稿与绘画的关系，进而研究作为壁画‘白描粉本’的艺术史意义和价值，同时还就所涉及的敦煌地方粉本画稿的存在与历史发展及画工画匠与粉本画稿的使用提出了独到的见解（沙武田《敦煌画稿研究》）。”

三、中国学者粉本论

饶宗颐《敦煌白画》（香港大学饶宗颐学术馆 2010 年 7 月第一次印刷版本）

饶宗颐，1917 年生于广东潮安，祖籍广东梅县，字固庵、伯濂、伯子，号选堂，是享誉海内外的学界泰斗和书画大师。他的《敦煌白画》一书，将“粉本”一词考证得极为透彻，现引用几段共赏：

白画——“方熏谓：‘今人水墨画谓之白描，古人谓之白画。’是白画，即白描矣。”又谓：“凡不设色之画，只以线条表现者，得谓之白画。唐代画家无不能之，亦称为‘墨踪’，朱景玄《唐朝名画录 · 六》记：吴道玄有数处图画，只以墨踪为之。墨踪，即白画也。”

粉本——“画稿，古习称‘粉本’，又曰‘粉图’。陈子昂有山水粉图歌，李白有当涂赵炎少粉图山水歌（……）。又称‘粉绘’……。”

又“东坡题跋云：‘北齐校书图，本出国手，止用墨笔，盖唐人所谓分本，此谓墨笔作草稿者，为粉本’。”

模拓——“六书有摹印。谢赫六法最末一种为‘传模移写’，其《古画品录》第五品称：‘刘绍祖善于传写，不闲其思，时人为之语，号曰“移画”。’张彦远论摹拓，谓：‘用透明蜡纸，覆于原画上摹写’；又云：‘顾恺之有论画一篇，皆摹写要法。’郭若虚亦论制作楷模。所谓‘楷模’，当指临摹之范本也。”

刺孔——“此类纸范，其刺成细孔者，为画稿之用。新疆发见唐代佛画断片亦有之。印度画家于所绘人物轮廓上刺以细孔，铺于纸面，即以碳末洒之，留下黑点，用做画本。华则用粉。”

以上关于粉本的记载，都是针对绘画的，针对彩画的还没有涉及。李渔《闲情偶寄 · 词曲上 · 音律》：“曲谱者，填词之粉本，犹妇人刺绣之花样也。”李渔的话给了我们提示，那就是被参照的绘画图案等都是粉本。方熏所说的“梓人”，也就是建筑工人，他们在施工中已经掌握了使用粉本的技能。“匠师的粉本来源可能有三种途径，其一，是前人留下的粉本，传移摹写得到；其二，是同时代的画家所为；其三，是行会艺人们保留的建筑装饰已有的粉本”（陈军《“粉本”在美术活动中的重要作用》）。

历代文献记载的粉本名称有：稿本、画本、草本，草稿、粉图、粉绘，画稿、腹稿，画样、图样、起样、稿样、小样，朽画、墨画、白画、素画，白描、模拓、刺孔等。这些粉本名词主要是用于绘画和壁画上的，彩画作历 2000 多年还未曾使用过“粉本”一词，但彩画作使用的粉本与绘画、壁画是相同的，且彩画作使用粉本种类和数量是多于绘画和壁画的。《营造法式》中将各个工种的插图统称为“图样”，其中有中国建筑彩画使用的粉本（见图 4-2-5a、图 4-2-5b、图 4-2-5c、图 4-2-5d）。

图 1-1-1 2007 年笔者与耿刘同老师合影

图 1-1-2a 《中国画》1959 年第 6 期（总 9）封面（耿刘同藏本）

图 1-1-2b 《中国画》载俞莲洲作品两幅（耿刘同藏本）

图 1-1-2c 耿刘同在颐和园如意庄绘画的花鸟草虫包袱

图 1-1-3　2009 年冯义大师与杨宝生、秦书林合影

图 1-1-4　张举善为冯义画的线法课徒画稿（冯义收藏）

图 1-1-5　冯珍为冯义画的花鸟课徒画稿（冯义收藏）

图 1-1-6a 冯义收藏的异兽课徒画稿之一

图 1-1-6b 冯义收藏的异兽课徒画稿之二

图 1-1-6c 冯义收藏的武士课徒画稿

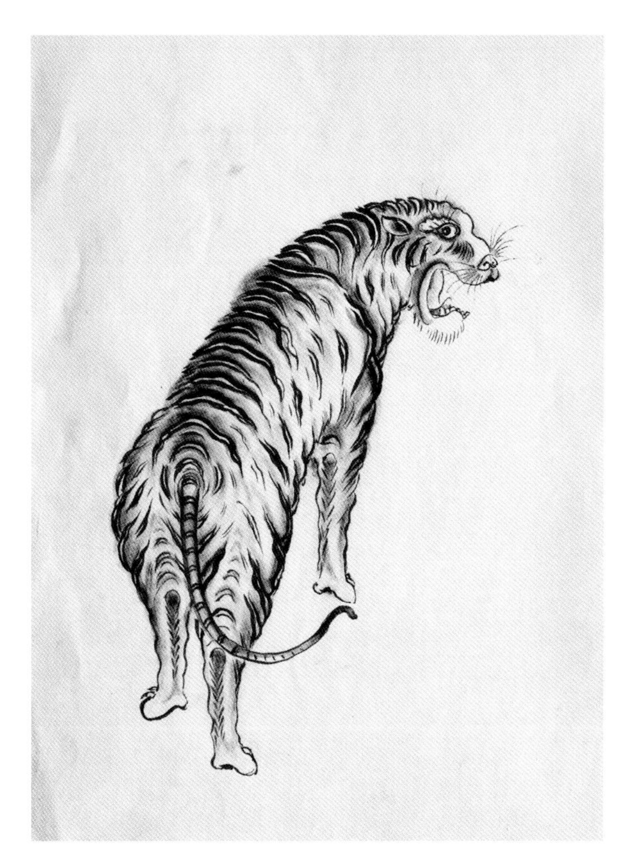

图 1-1-6d 冯义收藏的老虎课徒画稿

图 1-1-7a　李福昌起的颐和园景福阁柁头彩画谱子之一（冯义收藏）

图 1-1-7b　颐和园景福阁柁头彩画之一

图 1-1-8a　李福昌起的颐和园景福阁柁头彩画谱子之二（冯义收藏）

图 1-1-8b　颐和园景福阁柁头彩画之二

图 1-1-9a 刘玉明在修复承德安远庙佛像时与笔者合影

图 1-1-9b 刘玉明用“银箔罩漆”工艺修复承德佛像

图 1-1-10a 张仕杰“渔樵问答”课徒画稿（刘玉明收藏）

图 1-1-10b　张仕杰“上八仙王蝉”课徒画稿（刘玉明收藏）

图 1-1-10c　张仕杰“中八仙张果老”课徒画稿（刘玉明收藏）

图 1-1-10d　张仕杰“下八仙和仙”课徒画稿（刘玉明收藏）

图 1-1-10e 张仕杰仕女课徒画稿（刘玉明收藏）

图 1-1-11　张仕杰异兽画稿（刘玉明收藏）

图 1-1-12a　张仕杰异兽画稿之一（刘玉明收藏）

图 1-1-12b　张仕杰异兽画稿之二（刘玉明收藏）

图 1-1-13a 柏林寺行宫院正房金步柁头彩画（罗德阳赠）

图 1-1-13b 柏林寺行宫院正房金步袱子边、找头彩画（罗德阳赠）

图 1-1-13c 柏林寺行宫院游廊彩画（罗德阳赠）

第二章
现存最早的粉本

“粉本”，即绘画的稿本，包括：画稿、底稿、草稿、底样、素稿、范纸、图样、小样、谱子等。传承下来的粉本，多是知名画家使用的白描画稿和工匠们一直沿用的谱子。

第一节 敦煌藏经洞粉本

敦煌莫高窟第17窟是唐宣宗大中五年（公元851年）时开凿的。1900年6月22日，莫高窟下院道士王圆箓在清理17窟积沙时，无意中发现了“藏经洞”。洞中存有公元4~11世纪的佛教经卷、社会文书、刺绣、绢画、法器等文物5万余件。所存文物年代始于初唐，终于北宋。这些文物在发现之初，曾被英国、法国、俄国、印度、日本、美国掠夺。1905年10月，俄国人奥勃鲁切夫第一个来到敦煌，以50根硬脂蜡烛为诱饵，换得藏经洞写本两大捆。1907年，英国人斯坦因巧名布施，以白银180两哄骗王圆箓，获取经卷、印本、古籍24箱，佛画、织绣品等5箱。1908年，法国人伯希和以白银500两，获取写本、印本、文书、绢画等6000余卷，并首次系统拍摄莫高窟照片数百张。1912年，日本大谷探险队吉川小一郎用白银350两，获取写经400余卷，带走莫高窟塑像2尊。16个月后又卷土重来，盗取的文物有唐、五代、北宋时期的绢画、麻布画约75件，纸本画约129件等，都是藏经洞的精品。1914年，斯坦因第二次来到莫高窟，用银500两，再次从王圆箓手中获取经卷约600件。斯坦因两次获取藏经洞文物共计万余件。藏经洞及敦煌石窟中的诸多珍宝流散在世界上13个国家，至今难以聚首，有的甚至已经佚失，难觅踪迹，造成无可挽回的损失。现就英国、法国掠夺的绘画类文物且笔者收集到的绘画类文物进行介绍。

饶宗颐先生是研究敦煌藏经洞粉本的第一人。1957年，在英国伦敦公开出售斯坦因所获敦煌写本6000余件微缩胶卷，饶宗颐先生以私人身份购买了一套，从中梳理珍贵秘籍，开始对其进行研究。1978~1979年饶宗颐先生在法国讲学期间，目睹了流失在英国、法国的敦煌藏经洞粉本，著《敦煌白画》一书，由法国远东学院以中文、法文两种文字出版发行，开创了敦煌粉本研究的先河。2010年香港又以中文、英文、日文三种文字再版了《敦煌白画》，可惜再版的书中没有了原图，书中插图都是饶宗颐先生以部分原插图摹绘的。

1983年（昭和57年）大英博物馆、株式会社讲谈社出版了《西域美术》1~3册，第1册和第2册为“敦煌绘画”，第3册是“染织 · 雕塑 · 壁画”，书内所收大英博物馆藏敦煌艺术品，皆来自于斯坦因的捐献。本书将斯坦因1907年、1914年两度自敦煌莫高窟购得的近30箱经卷、古文书写本、佛教画轴、版画、刺绣、雕塑品等分为三卷。品物之珍，数量之盛，足以一窥昔日流失国宝之真容，作为研究中古美术的重要资料，极其珍贵。

美籍华人胡素馨女士在欧洲考察期间，对流失到英国、法国的敦煌藏经洞粉本进行了观摩和研究，于1997年撰写了《敦煌的粉本和壁画之间的关系》一文，发表在北京大学出版社《唐研究》第三卷上。

沙武田先生对已知敦煌藏经洞粉本并结合敦煌壁画进行了详细的研究，写有论文多篇，并著有《敦煌画稿研究》一书，于2006年由民族出版社出版发行。

2010年马炜、蒙中将流失在英国的主要绢本纸本绘画及部分粉本收录编辑，由重庆出版社出版了《西域绘画：敦煌藏经洞流失海外的绘画珍品》画册10本。

2015年4月，法国国家图书馆向敦煌研究院赠送该馆所藏的敦煌写卷的数字化副本，具有重要的里程碑意义。

2016年5月7日至9月4日的“敦煌莫高窟：中国丝绸之路上的佛教艺术”展在洛杉矶盖蒂中心举行，其中展出了43件流失在海外的敦煌藏经洞文物珍品，主要借自大英博物馆、大英图书馆、法国吉美国立东方博物馆、法国国家图书馆。大部分展品是自1900年敦煌藏经洞发现流失后的首次亮相。

综上所述，敦煌藏经洞发现的文物中的绘画与粉本，自饶宗颐先生于20世纪50年代对“白画”的研究开始至今，吸引着越来越多的爱国志士投入到研究的行列。敦煌藏经洞绘画必将成为敦煌壁画后的第二大艺术学科。

敦煌藏经洞所藏绘画，可划分为绢画、纸画、白画（白描）、画稿、谱子（刺孔）五种类型。

一、绢画

在敦煌藏经洞流失的文物中，绢画的比重最大，数量最多，保存最好，绘画最美。现选录几幅，与读者共赏。

1. 树下说法图

《西域绘画 · 1》收录的“树下说法图”（图2-1-1），创作年代约为8世纪初的唐代，是敦煌藏经洞中年代较早的绢画，长139cm，宽101.7cm。现收藏于英国大英博物馆。2016年5月7日至9月4日在洛杉矶盖蒂中心展出。

2. 引路菩萨

《西域绘画 · 3》中收录的“引路菩萨像”（图2-1-2），绘画于9世纪末的唐代，绢本设色，长80.5cm，宽53.8cm。现收藏于英国大英博物馆。2016年5月7日至9月4日也在洛杉矶盖蒂中心展出。

引路菩萨在佛教中被认为可以引导亡灵升入西方极乐净土。此题材的绢画在《西域绘画·3》中收录了2幅，这是其中的一幅。

3. 千手千眼观世音菩萨

《西域绘画·1》收录的“千手千眼观世音菩萨像”（图2-1-3），为9世纪前半期唐代绢本设色作品，长222.5cm，宽167cm。

千手千眼观世音，又称千眼千臂观世音，六观音之一。千手千眼观音的40只大手持以不同的法器，表示息灾、降福、祈愿的不同含义。千手千眼观音对后世绘画、塑像影响颇大。这幅千手千眼观世音菩萨像与敦煌莫高窟壁画和重庆大足石刻极为相像，是如出一辙的粉本与作品的再现。

二、纸画

即画在纸上的画。敦煌藏经洞发现的绘画中，纸画的比重很小，且又多是画稿、草稿、谱子。《西域绘画·9》收录的纸画主要是：维摩经变相图、乌枢沙摩明王像、水月观音图等；《西域绘画·10》收录的纸画主要是千手千眼观世音菩萨像和观世音菩萨像各2~3幅。

1. 颜色最丰富的段片

《西域绘画·9》中的“净土图段片”（图2-1-4）为唐代（公元8~9世纪）纸本设色作品，长57cm，宽38cm，其颜色的运用极为丰富，是解读张彦远《历代名画记》所列唐代颜料最好的实物例证。

唐·张彦远《历代名画记》关于绘画颜料的记载：“武陵水井之丹、磨嵯之沙、越嶲（音xī）之空青、蔚之曾青、武昌之扁青[上品石绿]、蜀都之铅华[黄丹也，出本草]、始兴之解锡[胡粉]。研炼、澄汰、深浅、轻重、精粗。林邑昆仑之黄[雌黄也，忌胡粉同用]、南海之蚁铆[紫铆也。造粉、胭脂。吴绿。谓之赤胶也]、云中之鹿胶，吴中之鳔胶，东阿之牛胶。”这段记载，说明绘画颜料发展到盛唐时代，只有9种，其中，矿物质颜料5种，人工合成颜料2种（银珠、铅粉），动物颜料1种（紫铆）。所列颜料中的武陵朱砂和南海紫铆均为红色颜料，两种颜料是否全使用了，目测尚难辨别，此外，段片中还使用了矿物质颜料赭石和香墨。

2. 最具影响力的水月观音

《西域绘画·9》上的纸本设色“水月观音”（图2-1-5a、图2-1-5b），高82.9cm，宽29.6cm，为五代（公元10世纪中期）作品，现藏于英国博物馆，斯坦因绘画编号：15.Ch.i.009，是一副最让中国人崇敬和骄傲的“水月观音”绘画。

水月观音，佛经谓观音菩萨有33个不同形象的法身，画作为观看水中月影状的称“水月观音”。见《法华经·普门品》。后用以喻人物仪容清秀。由于此尊观音之形象，多与水中之月有关，故被称为“水月观音”。

“此观世音菩萨坐在背面有很大满月的岩石上，手持净瓶与柳条。左脚踏在水面的莲花上，背后是一片竹丛，竹丛里还有新生的竹笋。这幅画与藏在法国集美美术馆中的《千手千眼观世音菩萨图》下段所见的水月观音比较，姿势相同。两图中，莲花两边的小叶子、观音旁的竹丛中绘有笋等方面，都非常类似。但踏莲华的左脚，在本图中完全绘向侧面，而在集美美术馆绘画的构图中，却与身体的方向斜向一致。此画风格和色彩及华盖的形状、乘小云彩降下的男子和两侧仕女等细部的描写，都与前一幅《维摩经变相图》极其相似。画中水纹行笔轻快流动，很好地表现了粼粼波纹，和坡岸的粗笔触，形成强烈对比。”（《西域绘画·9》“水月观音图”说明）法国集美美术馆的《千手千眼观世音菩萨图》中有“天福八年（943年）”的纪年，两图绘画特点极其相似，应同为公元10世纪中叶五代时期的作品。

唐代是中国佛教美术发展的鼎盛时期。唐·周昉是一位杰出的画家，他的艺术成就几乎可以与吴道子相提并论，他所创作的佛教美术图式被誉为“周家样”。据文献记载，周昉在佛教美术领域的一个重要贡献，就是创作了水月观音图像。唐·张彦远《历代名画记》“西京寺观等画壁”中的胜光寺：“塔东南院周昉画水月观自在菩萨，掩障菩萨圆光及竹。”敦煌藏经洞发现的两幅绢本水月观音是否以周昉水月观音为粉本绘画的尚不可知，但这种新颖的式样很受欢迎，被广为流传，影响中国绘画、壁画、雕塑等艺术创作达上千年，如，河北正定隆兴寺悬塑观音（图2-1-6a）、北京白塔寺檀香木雕观音、北京法海寺壁画“水月观音”（图2-1-6b）等都是这一题材为粉本繁衍创作的优秀作品。

三、白画

白画即白描。饶宗颐先生关于白画的解释：“凡不设色之画，只以线条表现者，得谓之白画。唐代画家无不能之，亦称为‘墨踪’，朱景玄《唐朝名画录·六》记：‘无道玄有数处图画，只以墨踪为之。’墨踪，即白画也。”饶先生又在“结语”中进行了总结：“白画与白描为不敷彩之画，原只是画稿而已。方熏以水墨画即白描，人或非之”（饶宗颐《敦煌白画》）可见，墨踪、白画、白描是同一种类型的绘画。敦煌藏经洞有不少传世白画。

1. “高僧像”白画

这幅高僧像为纸本白画，为公元9~10世纪初的作品，长46cm，宽30cm。编号S.painting163（Ch.00145）。画中高僧身着通肩袈裟，跏趺禅定于方毯上，身前放着双履，身后老树上挂着革袋、念珠，身右侧放净水瓶，是一幅典型的老僧禅修图（图 2-1-7）。沙武田先生赞同姜伯勤先生的观点，高僧图为写真画或写真粉本，并对其进行了详细考证：

“S.painting163 白描稿写真像在内容特征上是与洞窟中存在的几幅完全一样的。基本特征是：僧人禅修状、双履图、菩提树，树上挂着道具，如净水瓶、挎包等，因人物身份不同或有近侍女、比丘尼并其他道具。从画面特征与以上洞窟中的几幅相比较分析，此稿基本上属晚唐五代归义军时期。其中的挎包与藏经洞宏辩像身后树上挂僧包、第 476 窟禅修的高僧像前挂僧包以及第 443 窟三界寺禅修僧人身后树上挂僧包基本一致，画法极似，时代大致相当，说明这一时期敦煌的画家们在表现高僧禅修特征之一——所使用的僧包的艺术手法类同，说明僧人们所使用的同类随身物品是有时代共性的”（沙武田《敦煌画稿研究》）。这段文字还说明了“高僧图”不仅是写真白画，更重要的是敦煌壁画绘画的白画粉本！

2.“狮子图”白画

作品为 9 世纪末的唐代作品，纸本墨画，高 29.8cm，宽 42.8cm（图 2-1-8）。斯坦因绘画编号图 169.Ch.00147。现存英国博物馆。饶宗颐先生称之为“简笔”。简笔就是不完整或表现局部的白描画稿，故归类于白画范畴。

白画狮子图与中国建筑彩画中的异兽极为相像。夺人眼目的是苍劲简约的线条勾画出的强壮凶悍的狮子，为敦煌藏经洞发现的动物绘画作品中给人印象最深刻的作品之一。

3. 日曜菩萨像幡

《西域绘画 · 10》收录的“日曜菩萨像幡”（图 2-1-9）为唐（公元 8 世纪）绢本绀地线描（白、黄、赤）作品，幡全长 213cm，绘画部分长 89.6cm，宽 25.5cm。

日曜菩萨，又名日光菩萨、日光遍照菩萨，是药师佛的左胁侍。与右胁侍月光菩萨在东方净琉璃国土中，并为药师佛的两大辅佐，也是药师佛国众多无量菩萨的上乘菩萨。

“这幅幡保存状态相对良好，下端和幡头还保持着进入藏经洞之前修补的痕迹，幢幡是用深蓝色密织的绢，在深色的绢地上，用白、黄、红三种颜色勾勒出日曜菩萨的全身立像。这幅幢幡正反两面的画像姿势略有不同。菩萨两手捧着画有红色鸟的日轮，长方形空栏中书写‘日曜菩萨’四个字。幡两面用流畅的白线代替银描绘，衣物的花样和装饰品用黄色代替金，只在鸟和菩萨的唇用了红色，起到了点睛作用。眼睛和鼻子比起膨大的脸部，显得有些小，但描绘得很认真。画面的表现有相当的自由，脚一只朝前，另一只却是横向，可感觉到画家的自信。双脚稳稳地踏在从前面池中升起的莲花座上。……整幅画面简洁自然，线条流美（重庆出版社《西域绘画 · 10》）。”

日曜菩萨绘画，载体是用靛青染成的深蓝色的绢布，轮廓线条用白色的铅粉或白垩勾画，装饰花纹用石黄绘制，胸前的瑞鸡和日曜菩萨的嘴唇是用红色的银朱点画的。通常将墨线绘于浅色的底子上，这一典雅别致的日曜菩萨绘画与常见的白描绘画恰恰相反，将白线和黄线画在深色底子上，当属白画的又一种表现形式。

四、画稿

画稿即简洁的样稿（稿本）。

《敦煌遗书线描画选》收录的均为敦煌藏经洞发现的画稿。《敦煌遗书线描画选》的画稿主要来自法国人伯希和获取的纸本绘画。

敦煌藏经洞画稿分为草稿和样稿：

1. 总体构图草稿

总体构图草稿即解决“经营位置”构图的草稿。

将总体设计思路事先布局在一张小于绘画载体数倍的纸上，以确定构图的布局和经营位置，如《敦煌遗书线描画选》第 8~10 页藻井的分步设计草稿：“斯 0848-2 藻井图案之一”（图 2-1-10a）是藻井设计的第一草稿，“斯 0848-2 藻井图案之二”（图 2-1-10b）是藻井设计的第二草稿，“斯 0848-2 藻井图案之三”（图 2-1-10c）是藻井设计的第三草稿，完成了从简到繁、从缺到全的设计过程，实现了完美充实的最终稿本。就 3 个草稿的中心方框内的图案纹饰而言，之一与之二变化不大，之三的方块正中定稿为一朵大莲花，花心以连珠带环绕，4 个叉角绘画飞禽。

2. 局部构图草稿

此类草稿不考虑构图中的具体位置，将所绘画的景物只以主要轮廓线表示或将各分部的细化集结于一张图上，以展现局部绘画特征为目的。

耕种草稿：如《敦煌遗书线描画选》第 3 页“斯 0259 耕种、收获之三”（图 2-1-11），是一人赶着两头牛在犁地的场面，概括的线条简练的不能再减了，足以看出画师水平的娴熟干练。

3. 局部绘画草稿

将整个画面中的各部位进行细化的草稿，可以集中画在一张纸上，也可用多张纸表现，如敦煌莫高窟 196 窟“降魔变（牢度叉斗圣变）”草稿（图 2-1-12）。“第 196 窟西壁这铺壁画的画面很大，水平宽 9.6 米，高 3 米，很难按照原大的尺寸在纸本上起稿，草稿只能较细致地画出重要的或复杂的人物局部。所以在法国收藏的粉本上（P.t.1293），布景是隔断的，不呈现序列的连续关系。在这份草稿里，五个情景都浓缩在一张纸上，背景没有真实的空间，秋山光和先生曾描述了这故事的情景，在降魔变里，第六鬼和神的大风争斗场面是最热闹的，所以在作品里，画家强调了这一部分故事。现在我们来看一下画在草稿右边的三个情景，右上是拿着风袋的风神，下面是在布袋里被风吹卷起来的七个外道，和在金鼓里被吹的另外两个外道，每个情景的间隔只有几厘米，可是在正式的壁画上，风神在右边（牢度叉处在座位下），鼓设在座的左上方，与风神的距离是2.45米；七个卷起来的外道也离左边的金鼓很远，可见草稿与壁画的经营位置并不完全一致。”（北京大学出版社《唐研究》第三卷）

4. 素材草稿

将人物、走兽、飞禽、景物积攒在一起的草稿，可作为课徒粉本和设计样稿或绘画时选用素材粉本。有些素材粉本按部位进行细致的归类和划分，如人物的头像、手印等（图2-1-13a、图2-1-13b）。

5. 绘画样稿

绘画样稿即事先绘制的样稿。

《西域绘画·5》第2页中的“金刚力士像”，为唐（公元9世纪末）绢本设色绘画作品，左侧金刚力士像长64cm，宽18.5cm；右侧金刚力士像长79.5cm，宽25.5cm。

右侧金刚力士像：“首先是金刚的嘴唇、裙带以及右脚所踏莲花瓣的勾线，皆设计为以艳丽夺目的红色，夺人眼目；其次是肌肉的突起部分采用了高光的技法，其表现效果甚至胜出前一幅作品。再者，身体的扭转、右臂的上举，眉目口鼻的夸张，此类特点属于当时画工描绘金刚力士时比较常见的范式，如咸通九年（868年）所制的著名的《金刚经》雕版印刷作品，其中便出现了与本幅作品相似的金刚力士形象。最后值得读者注意的是，勾画用笔大多起止露锋，活脱脱行草书的笔意。当时的唐代绘画流行‘吴家样’风格，这幅作品无疑提供了非常精彩的印证。”

《敦煌遗书线描画选》第13页“伯2002力士像”样稿（图2-1-14a），便是右侧金刚力士像的稿本，是法国人伯希和盗走的敦煌藏经洞纸本白描画稿之一，现藏于法国巴黎国家图书馆。更为有趣的是，《西域绘画·5》第2页中的两个“金刚力士像”（图2-1-14b），左边的金刚力士闭着嘴，右侧金刚力士张着嘴，组成一对“哼哈二将”，特别是右侧的金刚力士像俨然为香山碧云寺山门“哈将”的粉本。可见北京一些明代寺院山门中的哼哈二将是颇具唐代风格的。

五、刺孔

刺孔即彩画作的“谱子”。1976年，饶宗颐先生将谱子命名为“刺孔”之后，便被学者们沿用下来。1997年，胡素馨女士在《唐研究》（第三卷）发表的《敦煌的粉本和壁画之间的关系》一文中，有关于“刺孔”的论述：“在壁画上有些地方，无法用摹和临的技术，也不能用笔记或草稿，如位于窟顶的重复图案千佛。画家即用‘刺孔’作底稿（图版十二），这是又一种类型的粉本。在英国博物馆和法国国立图书馆收藏的莫高窟的‘刺孔’都有染红的表面。画家即把红色染料放在孔点上漏印来作轮廓。”这张“刺孔”是在敦煌壁画中使用过的“谱子”（图2-1-15）。“拍谱子”时用的“粉包”内装的是红色颜料，因此谱子“都有染红的表面”，可见胡素馨女士对彩画作谱子的设计、制作和使用确实不大知晓，但凡有所了解，也不至于如此介绍“刺孔”了。

第二节

最早的白描粉本

白描粉本，即绘画的白描画样，亦称“白画”。白画自汉代流行起来，至唐代盛行，吴道子、王维等都是善长白画绘画的大家。魏晋至唐，有不少名画家参与壁画绘制，其绘画的粉本在民间广为流传，影响中国的绘画、壁画、雕塑达上千年，尤以受吴道子的绘画影响最深最大。

一、《八十七神仙卷》与《朝元仙仗图》

这一卷一图是现存最早的白描摹本画稿。《八十七神仙卷》（图2-2-1a、图2-2-1b）和《朝元仙仗图》（图2-2-1c）皆为长卷绢本墨笔白描，是徐悲鸿先生钟爱的两幅作品。他早年曾进行了仔细比较，发现二者人物数量一样，构图几乎完全相同，但后者在人物造型和笔力等方面不及前者，所以他认为，《朝元仙仗图》是摹本，《八十七神仙卷》则很可能出自唐代画圣吴道子之手。《八十七神仙卷》公认为唐代吴道子传派作品，《朝元仙仗图》被认为宋代武宗元的作品。《八十七神仙卷》是《朝元仙仗图》的粉本应是无可置疑的。

沈立在《朝元仙仗——国宝在线》中写道：“《八十七神仙卷》和《朝元仙仗图》内容上的一致，除了行规的限制之外，还有道教人物画的传承关系。大凡人物画，特别是人物众多，关系复杂的大型壁画，都需要有画稿，而前辈画师留下的创作前构思的工程小样和稿本，就格外地具有指导意义。壁画工人把前辈大师的稿本保存起来，称为‘粉本’。所以不管《八十七神仙卷》和《朝元仙仗图》是由谁创作的，原本都是‘工程’草图”，都是绘画、壁画、雕塑参照的粉本。在唐代敦煌莫高窟、宋代开平开化寺、元代芮城永乐宫和曲阳北岳庙、明代乐都瞿昙寺和北京法海寺等壁画中都有他们的影子。

二、吴道子传世摹本

据说吴道子一生绘制的佛教、道教题材的壁画达300多幅，到北宋初年已很罕见。北宋末年，《宣和画谱》中载录皇家收藏他的佛、菩萨、天王像及道教神像92幅。现流传被公认的吴道子传世摹本作品有《八十七神仙卷》《道子墨宝》《送子天王图卷》《宝积宾伽罗佛像》等摹本。这些作品成为后世学习临摹的经典范本和绘画、壁画的重要粉本。

1.《道子墨宝》传世摹本

1963年6月人民美术出版社出版的正版《道子墨宝》（图2-2-2a）很难寻觅，市面上多为盗版刊物。《道子墨宝》除佛教题材外，其中十八层地狱的题材对后世壁画、雕塑影响很大。《道子墨宝》在青海瞿昙寺明代壁画中，可以找到与吴道子墨宝相似的构图和人物绘画形象(图2-2-2b)。可以看出，受吴道子绘画的影响还是较深的。

2.《送子天王图卷》传世摹本

该摹本为单一佛教题材（图2-2-3）。“图卷最后一段取材《瑞应本起经》中净饭王抱了出生的释迦牟尼到庙中，诸神为之慌忙匍匐下拜的故事。共绘人物16个、鬼神4个、瑞兽形象6个”（王逊《中国美术史》）。故事情节完整，可谓传世最早的“白画”。

吴道子的绘画对后世的绘画、壁画影响巨大，其传世摹本也成为绘画、壁画的粉本，在永乐宫壁画《朝元图》中表现尤为明显，可以说永乐宫壁画是融入了吴道子传世墨宝精华之大成。永乐宫壁画《朝元图》与《八十七神仙卷》和《朝元仙仗图》布局十分相像，《朝元图》中的具象人物在吴道子传世墨宝中可以找出相似的人物形象，如《朝元图》中的“青龙星君”和“白虎星君”与宋·武宗元《朝元仙仗图》最前面开路的武将就极为相似（图2-2-4a、图2-2-4b、图2-2-4c），又如“天蓬大元帅”与唐·吴道子《送子天王图卷》中的多面鬼神都是极其相像如出一辙的（图2-2-5a、图2-2-5b）。

第三节

最早的建筑图样

宋·李明仲《营造法式》上的图样应为现存最早的中国建筑式样。

1919年朱启钤先生在南京江南图书馆（今南京图书馆）发现了《营造法式》丁氏抄本（后称“丁本”），于1919年出版了石印小本，1920年按丁丙八千楼抄本的原尺寸影印出版了石印大本。两个版本均由商务印书馆刊行，其中的式样均为白描图。

著名藏书家、刻书家陶湘先生，将发现的《营造法式》残页，根据《四库全书》文渊阁、文津阁、文溯阁抄本、密韵楼蒋氏抄本、丁丙八千楼本相互校勘，仿照绍定本《营造法式》页版格式排版和字体，请高明画师重新绘画施色并镂版，采用套色印刷技术印刷了彩色式样，于1925年刻板刊行，是为“陶本”。后由商务印书馆据陶本缩小影印成《万有文库》本，1954年重印为普及本。

明永乐年间的抄本、民国年间的“丁本”或“陶本”已很难见到。我们今天所能见到的版本，是1921年商务印书馆或1925年上海中华学艺社刊行的版本。此外，有一部台湾铅印的小型版本也很不错，印刷得较为精致，携带阅读都比较方便。

宋·李诫《营造法式》于宋元符三年（公元1100年）完成编修，宋崇宁二年（公元1103年）经过皇帝批准刊印，敕令公之于世。《营造法式》全面、准确地反映了中国在11世纪末到12世纪初，整个建筑行业的科学技术水平和管理经验。

在《营造法式》序“总诸作看详”中有：“看详先准朝旨，以营造法式旧文祇，是一定制法及有营造位置，尽皆不同，临时不可考据，难以行用。……今编修到海行营造法式总释并总列……图样六卷，目录一卷……有须于画图可见规矩者，皆别立图样，以明制度。”这里讲到，原来修编的《营造法式》没有配上图画是无法使用的。现在修编的《营造法式》有“图样六卷”，且“画图可见规矩者，皆别立图样，以明制度”的。《营造法式》卷第二十九有“总例图样”“豪寨制度图样”“石作制度图样”，卷第三十有“大木作制度图样上”，卷第三十一有“大木作制度图样下”，卷第三十二有“小木作制度图样”“雕木作制度图样”，卷第三十三有“彩画作制度图样上”，卷第三十四有“彩画作制度图样下”。其中大木作和彩画作图样最多，各作占有两卷的份额。

《营造法式》各卷关于彩画作的记录：

《营造法式》卷第十四：“彩画作制度”记录了总制度、五彩遍装、碾玉装、青绿叠晕棱间装、解绿装饰屋舍、丹粉刷饰屋舍、杂间装、炼桐油。

《营造法式》卷第二十五：“诸作功限二”记录了彩画作、粉饰功限。

《营造法式》卷第二十七：“诸作料例二”记录了彩画作颜料，“诸作用胶料例”记录了彩画作用胶。

《营造法式》卷第二十八：“诸作等第”记录了彩画作彩画等级。

《营造法式》卷第三十三：“彩画作制度图样上”记录的彩画作图样有五彩杂华第一、五彩锁文第二、飞仙及飞走等第三、骑跨仙真第四、五彩额柱第五、五彩平棊第六、碾玉杂华第七、碾玉锁文第八、碾玉额柱第九、碾玉平棊第十。

《营造法式》卷第三十四：“彩画作制度图样下”记录的彩画作图样有五彩遍装名件第十一、碾玉装名件第十二、青绿叠晕棱间装名件第十三、三晕带红棱间装名件第十四、两晕棱间内画松文装名件第十五、解绿结华装名件第十六。

“刷饰制度图样”记录的刷饰图样有丹粉刷饰名件第一、黄土刷饰名件第二。

值得注意的是《营造法式》没有“油漆作”，与油漆作相关的只有“炼桐油”，并将“粉饰”和“刷饰”并入彩画作。

以“彩画作制度图样下”为例，对相关名词加以解释：“彩画”，建筑彩画。“作”，行当、工种。“制度”，规定、规矩。“图样”，式样，“法式”即制度“图样”的简称。因此，《营造法式》中的图样都是有定式的，应该是根据当时建筑形式、构件、部位的实际存在的现状实物进行测量绘制的图样，起码一部分是对原状的记录和总结，对建筑营造的指导与控制起到积极作用，且具有极高的历史价值，为我们传承了一份珍贵的历史资料。

宋式彩画给我们留下的实例可谓凤毛麟爪，但在山西偏僻的寺院中还可寻觅到它的踪迹。山西开平开化寺始建于五代后唐庄宗年间，北宋年间重建改称开化寺。北宋熙宁六年（公元1073年）重建大雄宝殿，这正是李诫《营造法式》刊行30年之际。开化寺大雄宝殿面宽、进深各三间，单檐歇山式，前后檐明间开门，次间置直棂窗，檐步斗栱五铺作，单抄单下昂。殿外檐彩画已全部消落，殿内檐彩画保留尚好（图2-3-1a、图2-3-1b）。梁架、斗栱等构件彩画，在宋《营造法式》纹饰图样中找不到答案。只有大梁上的古钱纹饰与《营造法式》卷三十四“五彩装净地锦”的纹饰和敷彩标注基本一致（图2-3-2a、图2-3-2b）。开化寺彩画是我国古代建筑中保存较完整的宋代彩画实例，有待深入细致的研究。

林徽因先生在《中国建筑彩画图案》序后的注解中言道：“宋李明仲（李诫）《营造法式》宋版原书至今尚未发现全本，明永乐间的抄本中图案经过修描，已极不准确，商务印书馆，重刊本又加改动，更难凭信，所以宋代彩画花纹究竟如何，还有待今后的考证。”通过山西开平开化寺宋代彩画的研究，林徽因先生的观点是正确无疑的。我们所能见到的《营造法式》上的彩画图样不能作为权威性研究宋代彩画的范本，“陶本”上的彩色图样可信度就更低了。

《营造法式》彩画图样可信度不高，但文字记录的可信度极高。《营造法式》衬色之法：“红以紫粉合黄丹为地[或只以黄丹]。”黄丹，即章丹。颐和园光绪年间的彩画和园林古建公司修复的彩画，大色中红色的下面要先刷一道衬地儿的章丹，然后再刷红色的银朱。这种“只以黄丹”衬色的做法与《营造法式》衬色之法如出一辙。

第四节
最早的存世稿本

稿本，亦称画稿或底稿。美籍华人胡素馨女士能在斯坦因掠获的藏经洞上千幅绘画中，找出多幅画稿和与其对应的绢画，可谓不凡之举。胡女士发现的“观世音菩萨像”（绢本观音像）和“行道天王图”（绢本毗沙门像）最为典型。

一、观世音菩萨像

胡素馨《敦煌的粉本和壁画之间的关系》“图版七 P.5018纸本观世音菩萨像”稿本是《西域绘画·3》所载“观世音菩萨像”绢画的粉本（图2-4-1a、图2-4-1b）。绢画“观世音菩萨像”，为五代天复十年（公元910年）绢本设色作品，长77cm，宽48.9cm。绢画中有三处题记：

左上题记，从右至左录：“众生处代如电光，须臾业尽即无常。慈悲观音剂群品，爱河苦痛作桥梁。舍施净财成真像，光明曜晃彩绘庄。惟愿亡者生净土，三途免苦上天堂。 时天复十载庚午岁七月十五日毕功记”。

右上题记，从右至左录：

“南无大慈大悲救苦观世音菩萨永充公奉

奉为 国界清平法轮常转二为阿姊师

为亡考妣神生净土敬造大圣一心供养”。

右侧题记，从右至左录：“亡弟识殿中监张有成一心供养”。

画面左侧比丘尼是普光寺的严会法师，右侧是供养人张有成。通过题记可知出资人出资请人绘画了观世音菩萨像，为已故的父母和弟弟超度灵魂，也借此感谢严会法师。题记中绢画的年代是“天复十载”，即为五代开平四年（公元910年）。

观世音菩萨像稿本，一是画师自制的画稿，二是祖传经过多次摹拓一代一代传承下来的稿本。它的年代一定早于绘画。题记还解释了为什么稿本只有本尊像的缘故：为亲人超度的绘画，观世音菩萨两侧人物画师要根据出资人的愿望和要求，安排被超度的人是男是女，是老是幼，大概按写真形式设计绘画被超度的人。因此，画师的稿本准备若干幅观世音菩萨像作为粉本，供出资人选取就可以了。

二、行道天王图

胡素馨《敦煌的粉本和壁画之间的关系》“图版十 S.9137 纸本毗沙门像稿本”，即《西域绘画 · 5》“行道天王图”绢画的粉本（图 2-4-2a、图 2-4-2b）。毗沙门天王，俗称“托塔天王”“南方天王”，或“南方托塔天王”。“行道天王图”画稿：毗沙门天王脚踏祥云，身披铠甲，头戴高冠，右手持戟，左手化出云中宝塔；后面跟随众天将、夜叉鬼、眷属。这幅白描不是一幅完整的绘画，称之为“画稿”或“稿本”都是准确的。“行道天王图”绢画：长 37.6cm，宽 26.6cm。现藏于大英博物馆，编号 Ch.0018，为绢本着色绘画。绢画在稿本的基础上，天王脚下增加了祥云、天王前面画上了手托金盘的“沙门天的妹妹吉祥天女”。右上角是仓皇逃遁的迦楼罗，画面的背景为大海及远山。“此图描绘的是毗沙门天及其随从眷属乘云渡海，前去巡查自己守护的领地的景象。作品虽然形制不大，但却绘制精美，气势非凡。”（重庆出版集团 · 重庆出版社《西域绘画 · 5》）

“行道天王图”应是稿本和绘画共存的最古老的实例之一，现收藏于大英博物馆。

图 2-1-1　“树下说法图”
（选自重庆出版社《西域绘画·1》）

图 2-1-2　“引路菩萨像”
（选自重庆出版社《西域绘画 · 3》）

图 2-1-3 "千手千眼观世音菩萨像"（选自重庆出版社《西域绘画·1》）

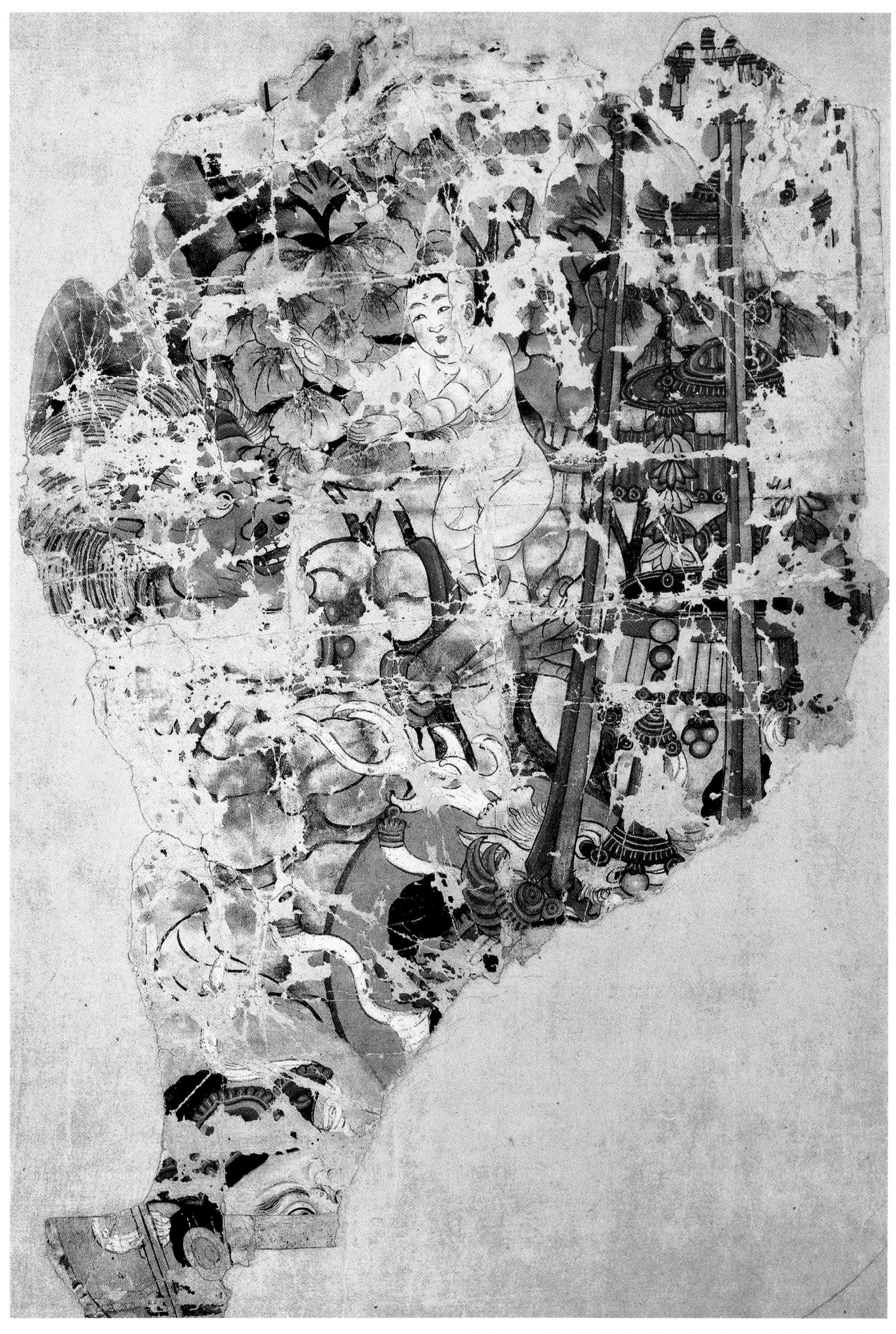

图 2-1-4“净土图段片”（选自重庆出版社《西域绘画 · 9》）

图 2-1-5b 水月观音（局部）
（选自重庆出版社《西域绘画 · 9》）

图 2-1-5a 水月观音
（选自重庆出版社《西域绘画 · 9》）

图 2-1-6a　河北正定隆兴寺“水月观音”悬塑

图 2-1-6b　北京法海寺“水月观音”壁画（选自 2001 年中国民族摄影艺术出版社《法海寺壁画》）

图 2-1-7 “高僧像”白画（选自重庆出版社《西域绘画 · 9》）

图 2-1-8 “狮子图”（选自重庆出版社《西域绘画 · 9》）

图 2-1-9　日曜菩萨像幡（选自重庆出版社《西域绘画 · 10》）

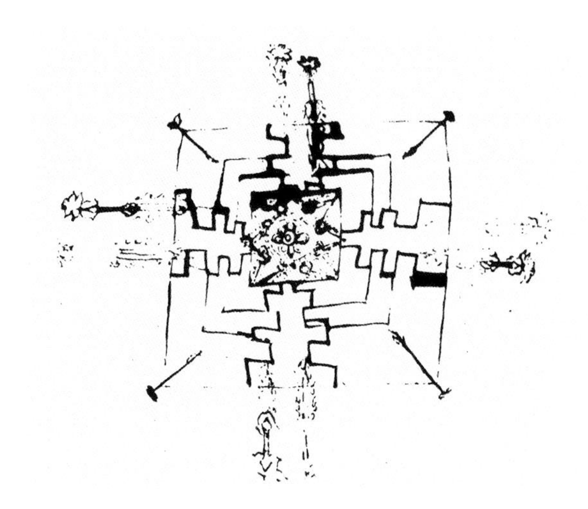

图 2-1-10a　“斯 0848-2 藻井图案之一”（选自马明达、由旭声编《敦煌遗书线描画选》）

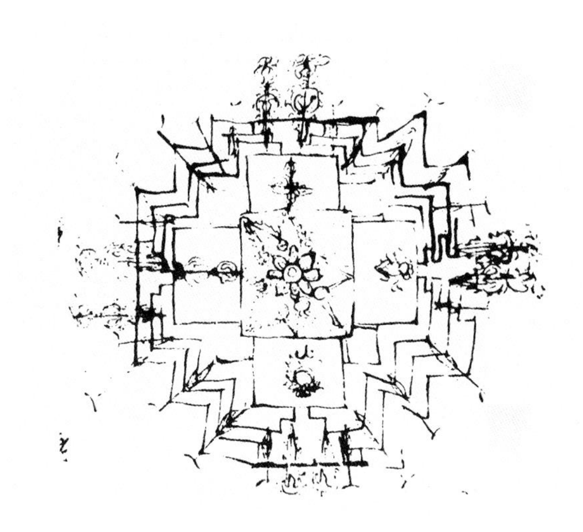

图 2-1-10b　“斯 0848-2 藻井图案之二”（选自马明达、由旭声编《敦煌遗书线描画选》）

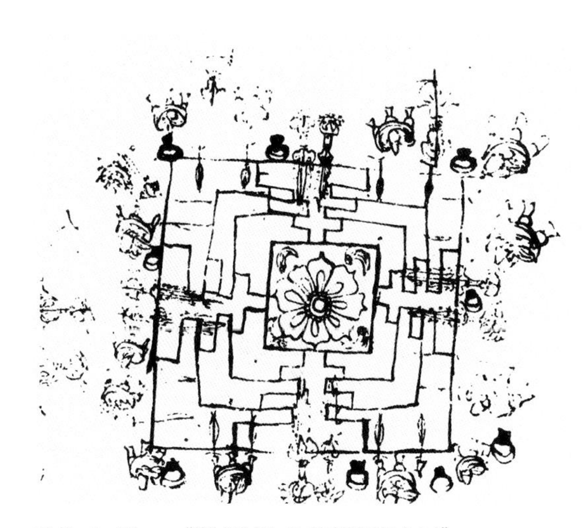

图 2-1-10c　“斯 0848-2 藻井图案之三”（选自马明达、由旭声编《敦煌遗书线描画选》）

图 2-1-11 “斯 0259 耕种、收获之三”（选自马明达、由旭声编《敦煌遗书线描画选》）

图 2-1-12 敦煌莫高窟 196 窟“降魔变”壁画草稿（选自北京大学出版社《唐研究》第三卷）

图 2-1-13a　“伯 2002 菩萨头像”（选自马明达、由旭声编《敦煌遗书线描画选》）

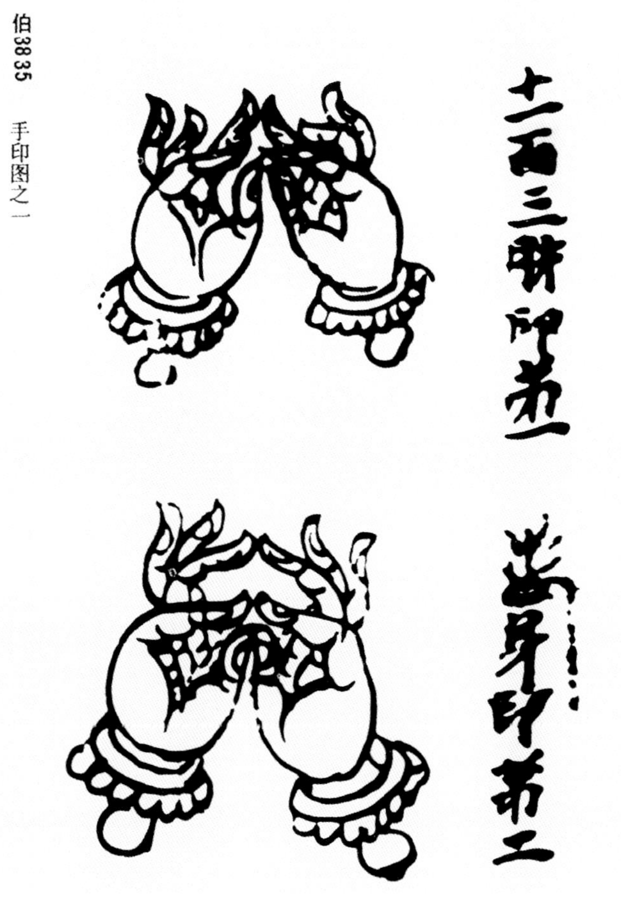

图 2-1-13b　“伯 3835 手印图之一”（选自马明达、由旭声编《敦煌遗书线描画选》）

图2-1-14a　“伯2002力士像”画稿
（选自马明达、由旭声编《敦煌遗书线描画选》）

图2-1-15　敦煌壁画使用的“谱子”（刺孔）
（选自北京大学出版社《唐研究》第三卷）

图 2-1-14b “金刚力士像”（选自重庆出版社《西域绘画 · 5》）

图2-2-1a 唐·吴道子《八十七神仙卷》局部之一（选自天津人民美术出版社《八十七神仙图卷》）

图2-2-1b 唐·吴道子《八十七神仙卷》局部之二（选自天津人民美术出版社《八十七神仙图卷》）

图2-2-1c 宋·武宗元《朝元仙仗图》（选自上海书画出版社《朝元仙仗》）

图 2-2-2a　吴道子墨宝之一（选自人民美术出版社《道子墨宝》）

图 2-2-2b　青海乐都瞿昙寺明代壁画（局部）

图 2-2-3 唐 · 吴道子《送子天王图卷》摹本（选自 2016 年中信出版集团吴道子《送子天王图卷》）

图 2-2-4a 宋 · 武宗元《朝元仙仗图》（选自上海书画出版社《朝元仙仗图》）

图 2-2-4b　永乐宫壁画中的“青龙星君”（选自肖军主编《永乐宫壁画〈朝元图〉释文及人物图示说明》）

图 2-2-4c　永乐宫壁画中的“白虎星君”（选自肖军主编《永乐宫壁画〈朝元图〉释文及人物图示说明》）

图 2-2-5a　唐 · 吴道子《送子天王图卷》摹本局部（选自 2016 年中信出版集团吴道子《送子天王图卷》）

图 2-2-5b　永乐宫壁画中的“天蓬大元帅”（选自肖军主编《永乐宫壁画〈朝元图〉释文及人物图示说明》）

图 2-3-1a 山西开平开化寺大雄宝殿内檐宋式彩画之一

图 2-3-1b 山西开平开化寺大雄宝殿内檐宋式彩画之二

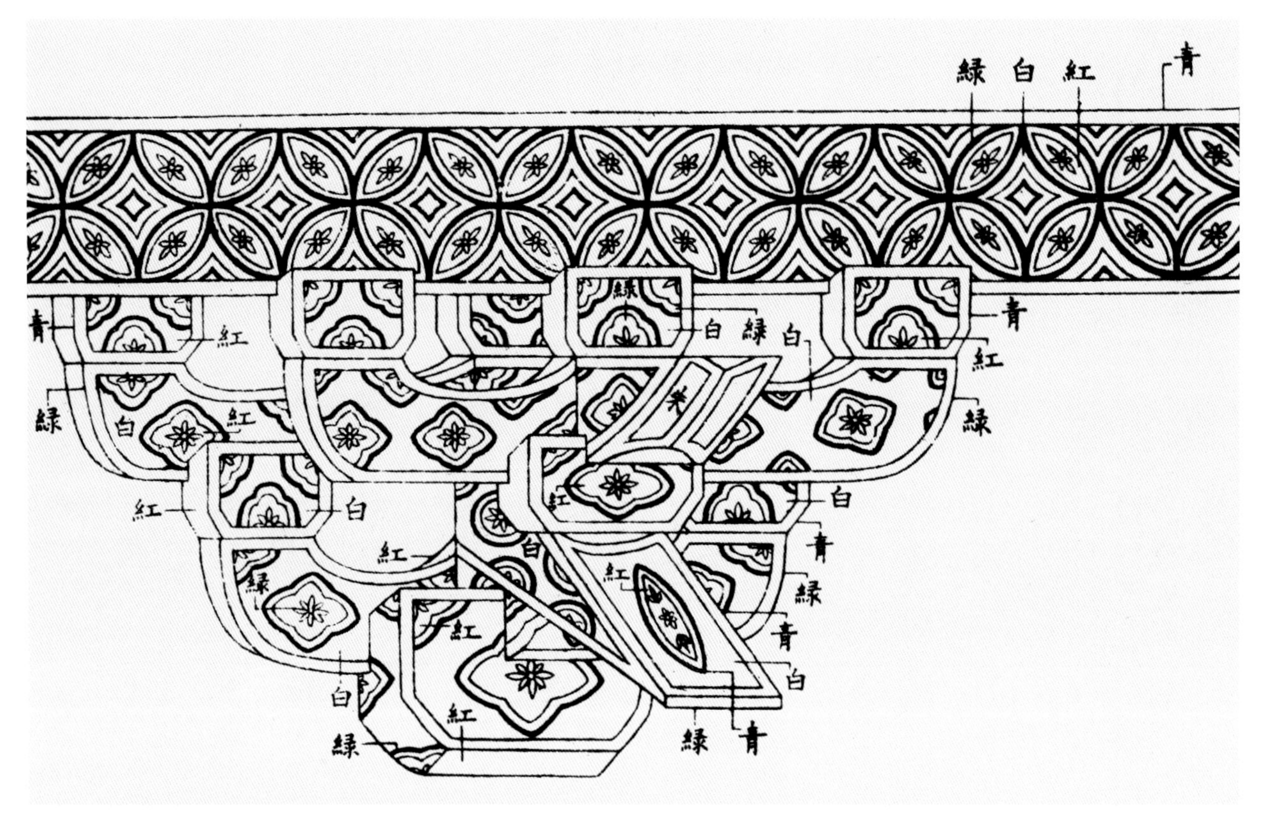

图 2-3-2a 《营造法式》卷三十四“五彩装净地锦”图样（选自台湾商务印书馆 1956 年《营造法式》）

图 2-3-2b 山西开平开化寺大雄宝殿内檐大梁“古钱”纹饰宋式彩画

图 2-4-1a “纸本观世音菩萨像”稿本
（选自北京大学出版社《唐研究》第三卷）

图 2-4-1b “观世音菩萨像”绢画（选自重庆出版社《西域绘画 · 3》）

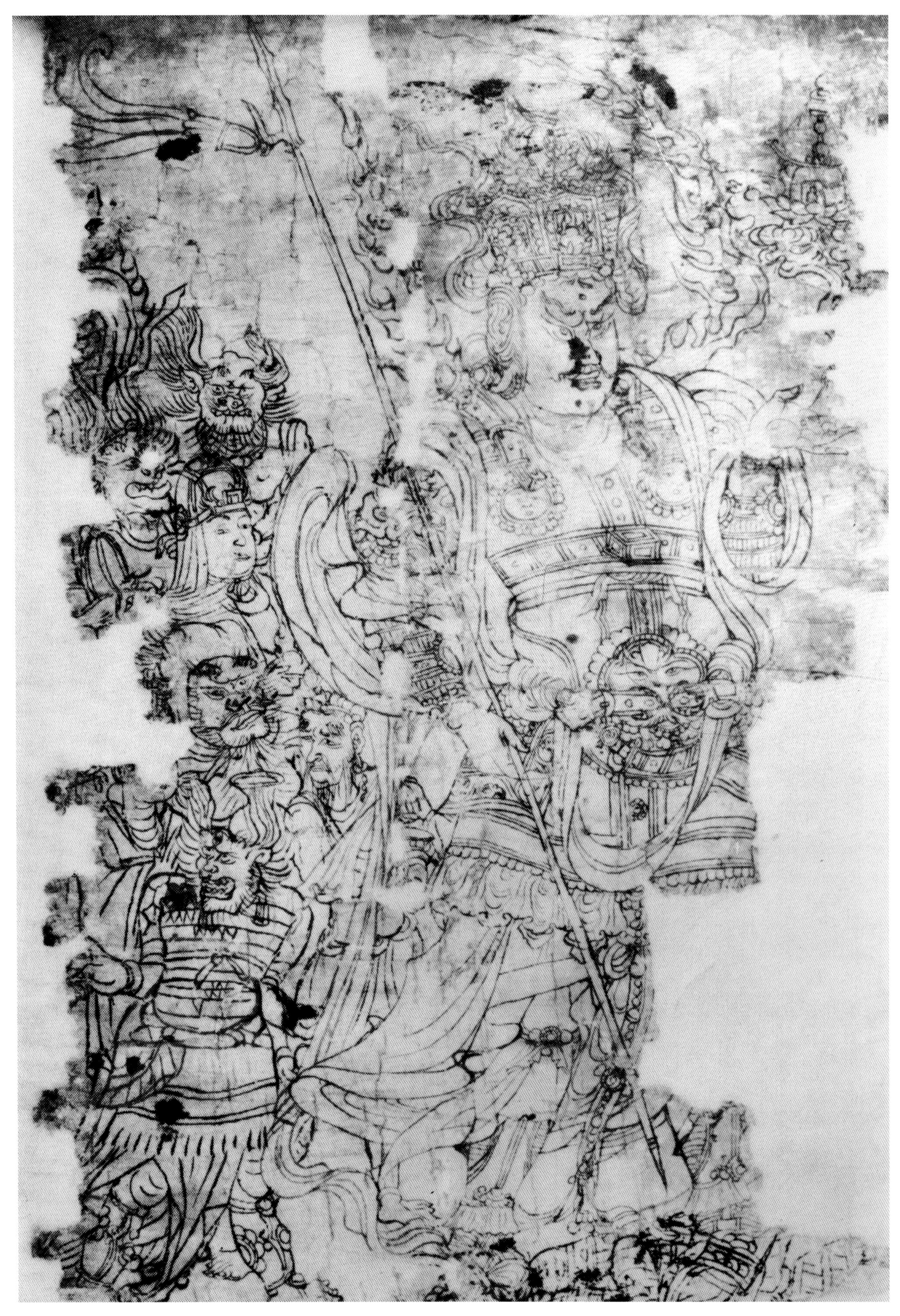

图 2-4-2a “行道天王图”粉本（选自北京大学出版社《唐研究》第三卷）

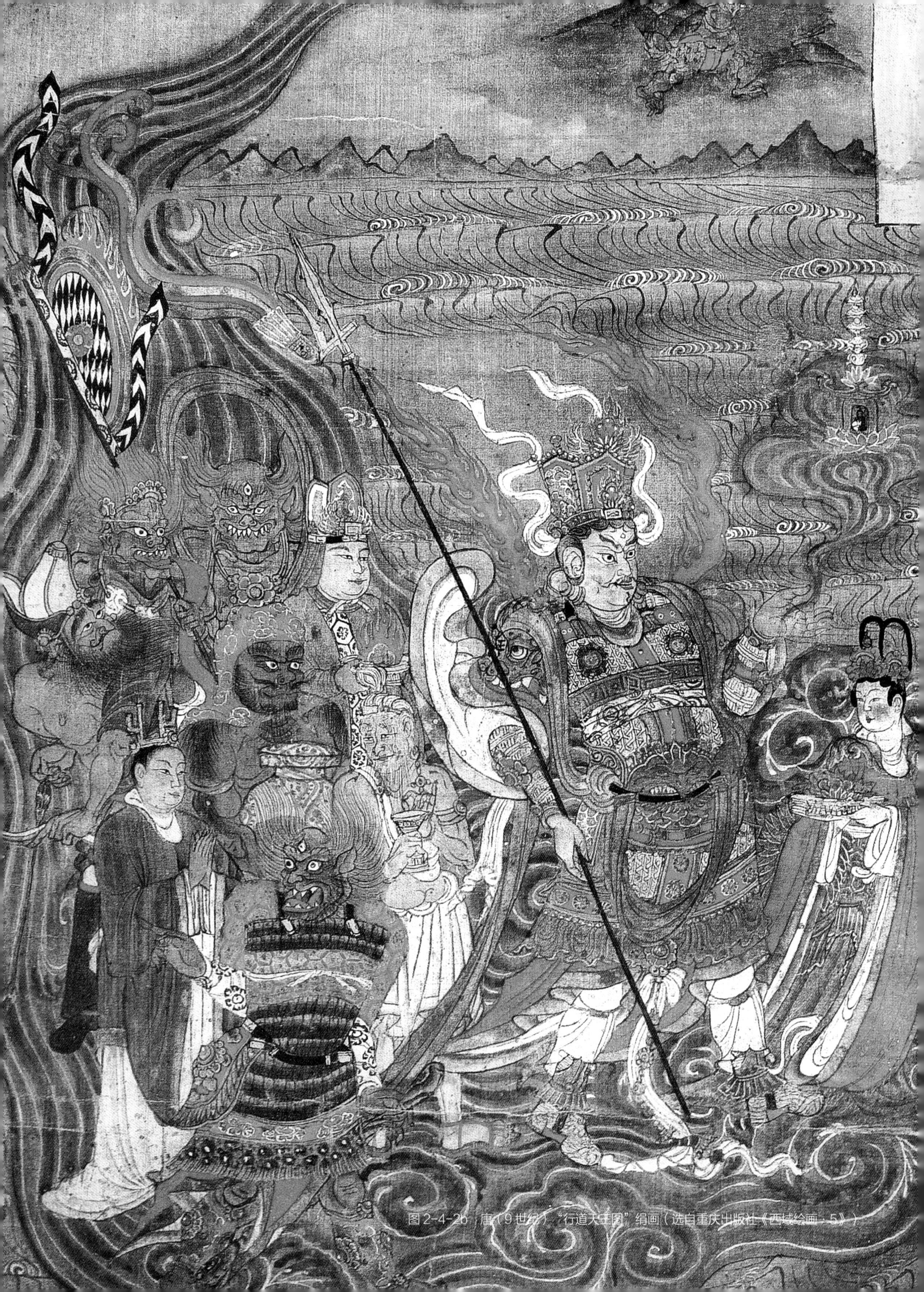

图 2-4-2b 唐（9 世纪）“行道天王图”绢画（选自重庆出版社《西域绘画·5》）

第三章
中国建筑彩画谱子研究

“谱子”是工匠们在加工制造操作过程中普遍使用的一种简便的辅助工具，主要用于彩画、壁画、刺绣等方面，尤其中国建筑彩画行业依然作为辅助工具代代相传使用至今，这种最普通最简便的操作技能至今还没有更好的方法来代替它。

第一节
彩画作的“样”

饶宗颐《敦煌白画》有关“样”的阐释：“段成式《寺塔记》言：‘杨法成有画样十五卷……’”“以上人物、楼台、杂竹各种草图，均谓之‘样’，隋以来多有之。故《图画见闻志·二》谓：‘（五代）赵元德于唐季丧乱之际，得隋唐名手画样百余本，故所学精博。’是名家必以画样为研习之资也。”

唐·张彦远《历代名画记》卷二云：“曹创佛事画，佛有曹家样、张家样及吴家样。”曹家样为北齐的曹仲达、张家样是梁朝的张僧繇、吴家样就是唐朝的吴道子；《历代名画记》卷三云：“敬爱寺，佛殿内菩萨树下弥勒菩萨塑像，麟德二年自内出。王玄策取到西域所图菩萨为样。”此二处之“样”，均指画样。宋·黄休复《益州名画录》卷上辛澄条有云：“建中元年大圣慈寺南畔立僧迦和尚堂，请澄画焉。绕欲援笔，有一胡人云，仆有泗洲真本，一见甚奇，遂依样描写。”称其“样”，指他们的画稿具有“样板”“范本”的含义。

“样”在中国建筑营造中至今还在沿用，如木作的“放大样”、瓦作的“样活”、石作的“翻样”、彩画作的“式样（小样）”等，以及标准的材料或构件被称为“样品”等。在其他行业中也有样板，如农业的“样板田”、戏剧的“样板戏”、开发商的“样板间”等。过去妇女做鞋有“鞋样”，绣花有“花样”。

旧时为皇家建筑设计的部门称“样式房”，样式房画的建筑草图称“样式图”，如“同治重修天地一家春装修大样”（图3-1-1）。“大样”，即1∶1的图样；样式房制作的建筑模型称之为“烫样”，如圆明园“同治重修上下天光烫样”、“同治重修万方安和烫样”、“勤政殿附近烫样”（图3-1-2）。名气大的雷氏家族被称为“样式雷”，与“曹创建佛事画，佛有曹家样、张家样及吴家样”是一脉相承的。

彩画作的“样”，宋《营造法式》称为“图样”。彩画“图样”，即彩画作“小样”的前身。

宋·李诫在《营造法式》序“总诸作看详”中说道：“看详先准朝旨，以营造法式旧文祇，是一定制法及有营造位置，尽皆不同，临时不可考据，难以行用。……今编修到海行营造法式总释并总列……图样六卷，目录一卷……有须于画图可见规矩者，皆别立图样，以明制度。”这里讲到，原来修编的《营造法式》没有配上图样是无法使用的。现在修编的《营造法式》有“图样六卷”，且“画图可见规矩者，皆别立图样，以明制度”。《营造法式》卷第二十九有“总例图样”“豪寨制度图样”“石作制度图样”，卷第三十有“大木作图样上”，卷第三十一有“大木作图样下”，卷第三十二有“小木作制度图样”“雕木作制度图样”，卷第三十三有“彩画制度图样上”，卷第三十四为“彩画制度图样下”。

清代的建筑平面图也称之为“图样”，与《营造法式》“图样”是一脉相乘的。香山静宜园被“英法联军”和“八国联军”焚毁后，由样式房普查后绘制了平面图样，如“谨查静宜园内梯云山馆添修点景值房寿膳房图样”、“谨查静宜园内欢喜园松隖云庄殿宇房间图样”（图3-1-3）。没有“谨查”二字的为原设计图样，如“静宜园东宫门勤政殿随南北配殿等图样”（图3-1-4）。这些平面“图样”，在宣纸上用墨线勾画出建筑的轮廓和轴线、围墙、水系、山形等。然后用小楷字在大红纸标注建筑名称、建筑形式、面宽进深尺寸、四至尺寸、柱高、做法及残损情况等，再将写好字的红纸裁成条块贴在已画好的图样上。这些图样简而详尽，如松隖云庄残损情况：山水清音戏台“坍塌无存”，松隖云庄“檐头脱落，木植不齐”等，又如静宜园东宫门“宫门一座五间，内明间面宽一丈一尺三寸二，次间各面宽一丈八寸二，稍间各面宽九尺八寸，通进二丈四尺三寸，柱高一丈一尺一寸”等。

“样”，可谓粉本之简称。涵盖内容极为广泛，包括草图、草稿、素画、画稿、图样、大样、小样、式样等。从古至今都是有据可查的。

第二节
彩画作的“谱”

谱，即按照事物的类别或系统编排记录。本义是记载事物类别或系统的书。谱，牒也。牒，指文书、证件，如通牒、度牒、尺牒。朱骏声曰：“桓君山云，太史公三代世表，旁行斜上，並效周谱，是谱之名起于周代也。”可见“谱”的由来已久。我们熟悉的“谱”有：家谱、棋谱、食谱、歌谱等。

李渔《闲情偶寄》凛尊曲谱：“曲谱者，填词之粉本，犹妇人刺绣之花样也，描一朵，刺一朵，画一叶，绣一叶，拙者不可稍减，巧者亦不能略增。然花样无定式，尽可日异月新。

曲谱则愈旧愈佳，稍稍趋新，则以毫厘之差而成千里之谬。”过去的曲谱都是固定的曲调，是不可以更改的，只有填上去的词可以尽情发挥，故要“凛尊曲谱”，作为粉本的画谱“尽可日异月新”。

“谱子”一词，“谱”是名词，“子”是名词后缀的字，如桌子、椅子。北京话“谱子”中的“子”，发音很轻，念时一带而过，“子”的发音不是“zi”，而是“zɑ”。“子”在这里并没有实际意义，故彩画作的“谱”，即“谱子”。

第三节
“京绣”的谱子

“京绣”，又称“宫绣”或“宫廷绣”。旧时京绣的服务对象是宫廷，服务机构是“绣院”。绣工都是男人，故绣工有“传男不传女之说”。《契丹国志》称当时燕京的“京绣”为“锦绣组绮，精绝天下”。“京绣”为“燕京八绝”之一，已列为国家级非物质文化遗产保护名录。

彩画作与京绣工艺是异曲同工的。彩画作的“谱子”，即京绣的“稿子”。彩画作制作和使用谱子的工序是：“起谱子”、“扎谱子”、“拍谱子”；京绣工序是：“起稿子（绘稿）”、“扎稿子（扎孔）”、“刷稿子（漏粉）”。京绣刺孔小而密，孔距约为1mm，用薄的蜡纸（现用硫酸纸）制作，用针刺孔；彩画作谱子用牛皮纸，孔大而稀，用锥子刺孔。京绣是在水平面上操作，先将稿子铺在绷好的锦缎上，用刷子蘸着（事先用煤油将白粉调成稀糊状）粉浆在稿子上擦刷，这样粉汁从针孔中漏在锦缎上组成密点形成的线条，故“刷稿子”称“漏粉”。“稿子”和“谱子”的不同之处都是便于各自的操作而有所区别的，其实京绣稿子与彩画作谱子制作和使用都是一脉相承的。

谱子的应用地域较大，不但中国用，外国也用：“此类纸范，其刺成细孔者，为画稿之用。新疆发见唐代佛画断片有之（旅顺博物馆藏 图录 PI.104（1）花纹上亦有刺孔）。印度画家于所绘人物轮廓上刺以细孔，铺于纸面，即以炭末洒之，留下黑点，用做画本。华则用粉……敦煌画范之刺孔敷粉其上，即留粉痕。知此亦即范本之一法”。（饶宗颐《敦煌白画》）

谱子是绘画、壁画、彩画、刺绣、塑像等专业绘画的一种辅助工具。谱子在使用时才是样子。谱，依样设计，样，靠谱实现。样即谱，谱即样，是辩证的统一体。谱子作为彩画绘画的辅助工具，使用后便完成了使命，因此，“谱”保留下来的极少，传承下来的多为“样”的粉本。

第四节
彩画谱子制作

制作谱子的纸张通常为“牛皮纸”（kraftpaper）。是用木浆制成的纸，强度很高，通常呈黄褐色。定量80 ~ 120g/m^2。裂断长一般在6000m以上。抗撕裂强度、破裂功力和动态强度很高。分为卷筒纸和平板纸。可用作水泥袋纸、信封纸、胶封纸装、沥青纸、电缆防护纸、绝缘纸等。谱子制作的主要材料是牛皮纸，辅助材料有毛笔、墨、炭条（铅笔）、锥子、裁纸刀等。

谱子制作和使用分为起谱子、扎谱子、拍谱子3个步骤：

一、起谱子

起，设计。起谱子，即设计谱子，是补充完善彩画设计的重要步骤。

1. 起单谱子

一个画面起一张谱子称为“单谱子”。起谱子的工作都是由高级画师或掌作师傅完成的。起谱子，在室内桌子上要比架子上打草稿方便得多，还可在夜晚或油工交活之前进行设计，有利于彩画质量和工期的保证，如颐和园景福阁彩画施工时，柁头和聚锦壳谱子都是在油工进行地仗施工时完成起谱子的。

2. 起1/2谱子

图案纹饰左右对称或上下对称时，按彩画部位的实际展开面积将牛皮纸裁好后对折，在1/2纸上设计草稿，修改完善后落墨定稿。

3. 起1/4谱子

图案纹饰上下左右完全对称时，按彩画部位的实际展开面积将牛皮纸裁好对折，再对折，在1/4纸上设计草稿，修改完善后落墨定稿。

4. 起复制谱子

图案纹饰上下左右均不对称，但图案纹饰需要连续重复使用的谱子，如天花板中间“圆光”内采用“灵仙祝寿”或“玉堂富贵”纹饰时，就要起复制谱子，用于天花板圆光内彩画。

二、扎谱子

扎，“刺孔”，即在起好的谱子上用锥子沿着绘画线条密刺针孔，这一“刺孔”工序，彩画作称为“扎谱子”，由一般画工完成此道工序。

三、拍谱子

拍，拍打。事先将白粉（铅粉、钛白粉）用布包裹，制成“粉拍子”。将谱子敷在彩画部位，用粉拍子沿着刺孔线条拍打，使彩画部位留下白点连成的线条，即“拍谱子”。

第五节
敦煌藏经洞谱子

敦煌藏经洞发现的“刺孔”，是现存最早的“谱子”。沙武田、梁红《敦煌粉本刺孔研究——兼谈敦煌千佛画及其制作技法演变》一文，发表于《敦煌学辑刊》2005 年第 2 期（总第 48 期）上。文中对敦煌藏经洞发现的谱子进行了详细介绍，其介绍的谱子归纳起来只有两类，一张为“说法图”，为“1/2 谱子”，其余均为千佛“复制谱子”。这些谱子，都是敦煌莫高窟壁画使用过的谱子。

一、千佛复制谱子

1. 千佛谱子之一

“S.painting73（1）（Ch.xli.002）：墨画刺孔。高 32.5cm，宽 26.5cm。一佛像趺坐于莲花座上，有华盖。该刺孔最为特别之处是：墨线轮廓与针孔轮廓不重合，墨线形象大而针孔形象略小，保存完好，使用次数有限”（图 3-5-1）（《敦煌学辑刊》2005 年第 2 期）。

2. 千佛谱子之二

“S.painting73（2）（Ch.xli.004）：纸质粉本佛像刺孔，高 55.5cm，宽 38.0cm，为一座佛画稿，佛像正面结跏趺坐于莲花上，顶有华盖和菩提树。除头光外围用赭红描过轮廓线及身光用墨色描过波状光环和莲花头光外，其余全为小孔组成的轮廓线。形象结构严谨，造型准确。图稿上、中、下各有一道墨线，可能是使用粉本时为防备挪动位置所做的记号，其中墨线部分表示的是背光与头光中的装饰图案，似乎说明在打针孔时没有而后补画，表示要在壁画中画出相应的内容”（图 3-5-2）（《敦煌学辑刊》2005 年第 2 期）。

二、“说法图”谱子

“说法图”谱子：“S.painting 72（Ch.00159）：墨画刺孔，高 79.0 厘米，宽 141.0 厘米。大张印花粉印的画，印在米黄色纸上，为一说法图，一半完整一半为刺孔。说法图完整，一佛二弟子二菩萨像，均坐于莲花座上，佛与菩萨像上有宝盖，弟子像后有宝树。人物造像及背景画法细致复杂，其中画面右面部分一佛一弟子一菩萨像全为墨绘，左面部分一弟子一菩萨像纯为针孔线，说明了是先画好右面部分，然后中间折叠，用针刺出左面部分而成。整个画面中人物画法工整细腻。在粉本的四周有破损的小洞各一排，似乎是当时用于固定在墙壁上或纸张绢帛上的痕迹。画面整体上来看残破严重，使用的痕迹明显”（《敦煌学辑刊》2005 年第 2 期）。这张谱子绘画线条流畅，精细完美（图 3-5-3）。

“说法图”谱子是依据粉本设计制作的。粉本出自敦煌藏经洞，现藏于英国伦敦博物院图书馆，编号 P.3939。1997 年胡素馨女士在她的《敦煌的粉本和壁画之间的关系》一文中被引用（图 3-5-4）。饶宗颐先生对“说法图”崇拜由衷，也以此为粉本画了一幅朱色纸本立轴有题记的《诸天菩萨像》，是对魏皇兴五年《金光明经 · 赞佛品》卷二的敬重，并收录在他再版的《敦煌白画》一书之中。

“说法图”，即一佛二弟子二菩萨的布局。一佛，即释迦牟尼。二弟子，即阿南与迦叶。二菩萨，文殊和普贤。这种布局在唐代尤为盛行，在石窟寺、壁画、雕塑较为普遍。如比较著名的晋城青莲寺下寺唐代泥塑和上寺宋代泥塑，都是“说法图”的格局。

三、范谱与子谱

在藏经洞发现的谱子中有“以谱制谱”的实例，即用“范谱”复制“子谱”。在法国人伯希和获取的敦煌藏经洞 5 幅千佛谱子中，胡素馨女士找出了其中的一张范谱和一张子谱。

范谱：编号 P.4517（6），有墨线。高 32.5cm，宽 21.2cm。

子谱：编号 P.4517（5），无墨线。高 32.8cm，宽 21.5cm。

其中，子谱只有刺孔，无墨线。长宽各大于范谱 3mm。其制作方法应与现在做法相同：先设计范谱，画上确定不变的墨线（起谱子）；将范谱铺在一张或多张纸上，延墨线用针密刺小孔（扎谱子）。所得到既有墨线又有刺孔的谱子就是“范谱”，只有刺孔的谱子便是“子谱”。

敦煌研究院的胡素馨女士指出：实物为“多层厚纸，为耐久之目的，在多数情形下，于纸上画墨线，并沿墨线打小洞，或覆盖于另一纸上打孔。复制稿没有像原稿那样的墨线。在实际应用中，粉本置于要绘制的表面上，红色墨粉通过粉本的小孔，在下面就出现了一系列红色斑点连成的轮廓。”（陈军《“粉本”在美术活动中的重要作用》）她认为粉本的作用或许与丝绢和纸质绘画无关，而是专用于壁画绘制，特别是窟顶画，粉本解决的是将设计稿移置大面积墙体的难题，在敦煌，粉本技法一千年来基本未变。

在敦煌藏经洞发现的谱子粉本，制作的材料：一是多层厚纸，二是羊皮。制作与使用方法与今天的谱子一脉相承。敦煌藏经洞发现最多的还是画在绢、纸、布等材料上的各种画稿，沙武田在《敦煌画稿研究》中已作了详尽的介绍，这里不再赘述。

第六节 巧做巧用谱子

彩画作分为彩画和绘画两部分。彩画部分包括以纹饰为主的和玺、旋子等彩画及苏式彩画纹饰部分，实施中都离不开谱子。绘画部分主要是苏式彩画中的人物、线法、山水、花鸟、翎毛的绘画，在一些特殊的绘画中也需要谱子这一辅助工具。在文物建筑彩画保护修复工程中，起谱子还有特殊的要求和做法。中国建筑彩画的谱子在制作和使用上有很多技巧和奥秘，巧做巧用的方法很多，现介绍几个实例作为抛砖之举。

一、巧做天花谱子

首先要清楚天花各部位名称，详见《中国建筑彩画图案》（清代彩画）“天花彩画示范图”（图 3-6-1）。

1. 新作天花谱子

天花板彩画，圆光外的纹饰图案都是完全对称的，圆光内纹饰图案有对称的，也有不对称的。当圆光内纹饰图案不对称时，谱子设计制作会有多种方法，笔者推荐的方法是：先裁好与天花板等大的牛皮纸，用尺板画好最外侧的方形边框（方箍子），用圆规画好内侧的圆形边框（圆箍子），绘制圆光内纹饰。叉角纹饰单独起谱子拍在四个叉角上。落墨绘成一幅白描天花，作为“范谱”。范谱下可衬多层牛皮纸于挤塑板上，用锥子刺孔，可扎制数张天花谱子。这种方法可保持天花板谱子的平整，利于实操，且范谱还可以永久保留。

2. 修复天花谱子

在文物建筑彩画修复中，可在原彩画上直接摹拓，取得“范谱”，将范谱覆在牛皮纸上刺孔，便可制成多张统一的标准谱子。将标准谱子拍在天花板地仗上进行彩画修复；将标准谱子拍在纸上，可制作白描彩画式样。

二、拍谱子的奥妙

拍谱子是彩画作中较为普通的基础工序，但遇到特殊彩画绘画时，其中的学问还是很大的。

颐和园长廊四架梁上的月梁，绘画题材由灵芝（灵）、仙鹤（仙）、竹子（祝）、寿桃（寿）组成的“灵仙祝寿”图案，数量达 540 余幅，图案变化无穷，没有重样。图案中的灵芝、竹子、寿桃不使用谱子，画工绘画时任意发挥。杨继民老画师负责起仙鹤谱子，每次起 5 个，用坏了再起 5 个。5 个谱子，正面拍一次，再翻过来拍一次，共计 10 个；再将 5 个谱子仙鹤的头颈与身子进行互换，正拍一次为 16 个，再翻过来拍一次又有 16 个，这样 5 个仙鹤谱子可拍出形态各异的仙鹤 40 余个。仙鹤谱子还可以旋转角度，改变仙鹤的飞行方向，又可变化出许多种不同形态的仙鹤（图 3-6-2a ~ 图 3-6-2f）。画师拍仙鹤谱子超过 20 个时也容易记错，游人观看时能记住 10 个仙鹤的姿态也是很难的。这就是长廊月梁上“灵仙祝寿”图案绘画千变万化的奥秘，也表明了谱子在绘画运用上的神奇，不得不认同工匠的聪明智慧是伟大的。

三、人物绘画谱子

1. 原始粉本的应用

清 · 方薰《山静居画论 · 上》：“画稿谓粉本者，古人於墨稿上加描粉笔，用时扑入缣素，依粉痕落墨，故名之也。”方薰的这段话很多人不能理解而曲解之，实为最原始的谱子。其制作和使用方法是：一是将画稿作为谱子时，古人先在纸上正面画好墨线，再沿绘画线描上白粉，用于缣素绘画的时候将其反扣在缣素上，然后在纸的背面推压，使描上去的白色绘画线条敷在缣素之上，然后依白线绘画，是谓“描线法”谱子；二是将绘画好线条的背面满刷白粉，用于缣素时，将粉本覆于其上，用笔端等硬质材料在正面画好的线条上描压，如同“复写纸”一般将绘画线条复写在缣素上，再依白线绘画，为“复写法”谱子。这便是粉本的由来。

颐和园长廊李作宾所绘的“承彦桥归”包袱人物，是在颐和园德兴殿预制的（图 3-6-3a），其中，一幅与粉本上人物和驴的行进方向是相同的，一幅反之。应是用“描线法”绘制的：先按钱慧安“承彦桥归”粉本（图 3-6-3b）绘画一幅左行的白描包袱人物，再用毛笔蘸着净水调制铅粉，在已画好的主要轮廓线条上勾画必要的控制线。待白色铅粉线条完全干透后扣在另一幅预制的包袱纸上，用手掌搓压已画好线条纸的背面，白色线条便传移在下面的纸上。凭借李作宾大师绘画的高超技艺，有几个主要控制线条就可以画出完全相同且构图反向的绘画作品，长廊上的左行和右行“承彦桥归”包袱人物就是最好的例证（图 3-6-3c、图 3-6-3d）。

用“描线法”谱子复制出的图案，构图是反向的，且制作和使用均不简便。用“复写法”谱子不存在构图反向的问题，用于平面尚可，用于立面和仰面时就太不方便了。因此，“描线法”和“复写法”谱子没有传承延续下来。

2. 彩画绘画谱子应用

谱子主要用于各种彩画的图案纹饰，如，龙凤、箍头、卡子、烟云等。在苏式彩画绘画中也离不开谱子的使用，如颐和园景福阁柁头彩画，是由李福昌起好谱子，再由其他画工扎谱子、拍谱子、彩画的。在彩画人物绘画中也有用到谱子的时候。如孔令旺长廊八角亭“夜战马超”和“枪挑小梁王”迎风板人物绘画就使用了谱子的人物绘画。以“夜战马超”为例，城楼、篝火是对称的，两厢的将士也是左右完全对称的，所变化的是人物头部的形象及头盔和盾牌。列队整齐划一的效果只有使用谱子才能做到左右完全对称（图 3-6-4a、图 3-6-4b）。

“刺孔”，实为彩画作“谱子”制作中的一道工序。敦煌藏经洞发现的“谱子”大都是在敦煌壁画中使用过的。据胡素馨女士和沙武田先生考证，这些谱子均为五代归义军时期的谱子，已有一千多年的历史。在如此漫长的时间里，“谱子”不被画家学者们认知，实属不该。这也引申出一个问题，在许多人的观念中，从事绘画、壁画的人都是画家，从事彩画的人们全是工匠。绘画、壁画是艺术，彩画是技术，这种陈旧的观念到了必须纠正的时候了。

彩画匠及古建筑其他行当的工匠，都知道什么是“谱子”，犹如画家都知道“白描”一样。将谱子制作中的“刺孔”工序，作为最古老并使用至今的“谱子”的称谓，会使注意力集中于“刺孔”工序而忽视“起谱子”、“拍谱子”的全过程，且淹没了谱子最重要的设计和使用环节，因此，用“刺孔”研究敦煌藏经洞被发现的谱子，结果是将简单的问题人为地复杂化了。

同治重修天地一家春裝修大樣之一（圖二十）

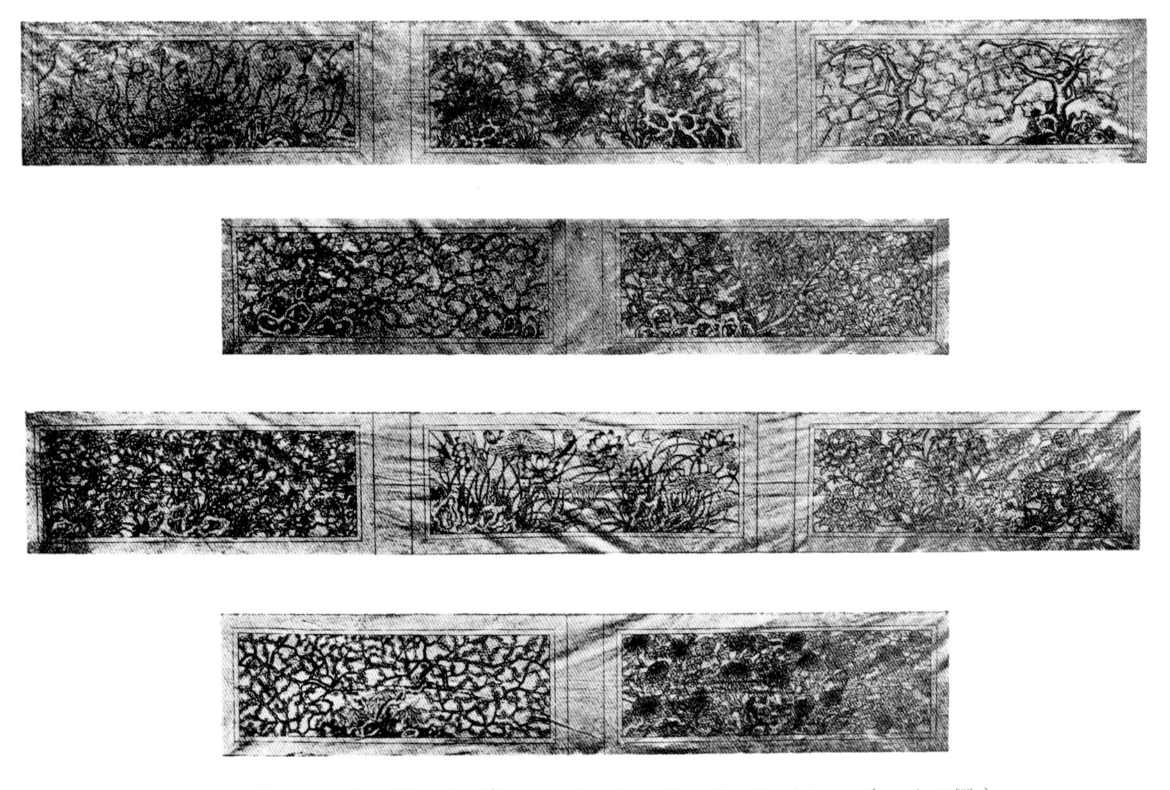

同治重修天地一家春裝修大樣之二（圖二十一）

图 3-1-1　同治重修天地一家春装修大样（选自 1935 年北平市政府秘书处《旧都文物略》）

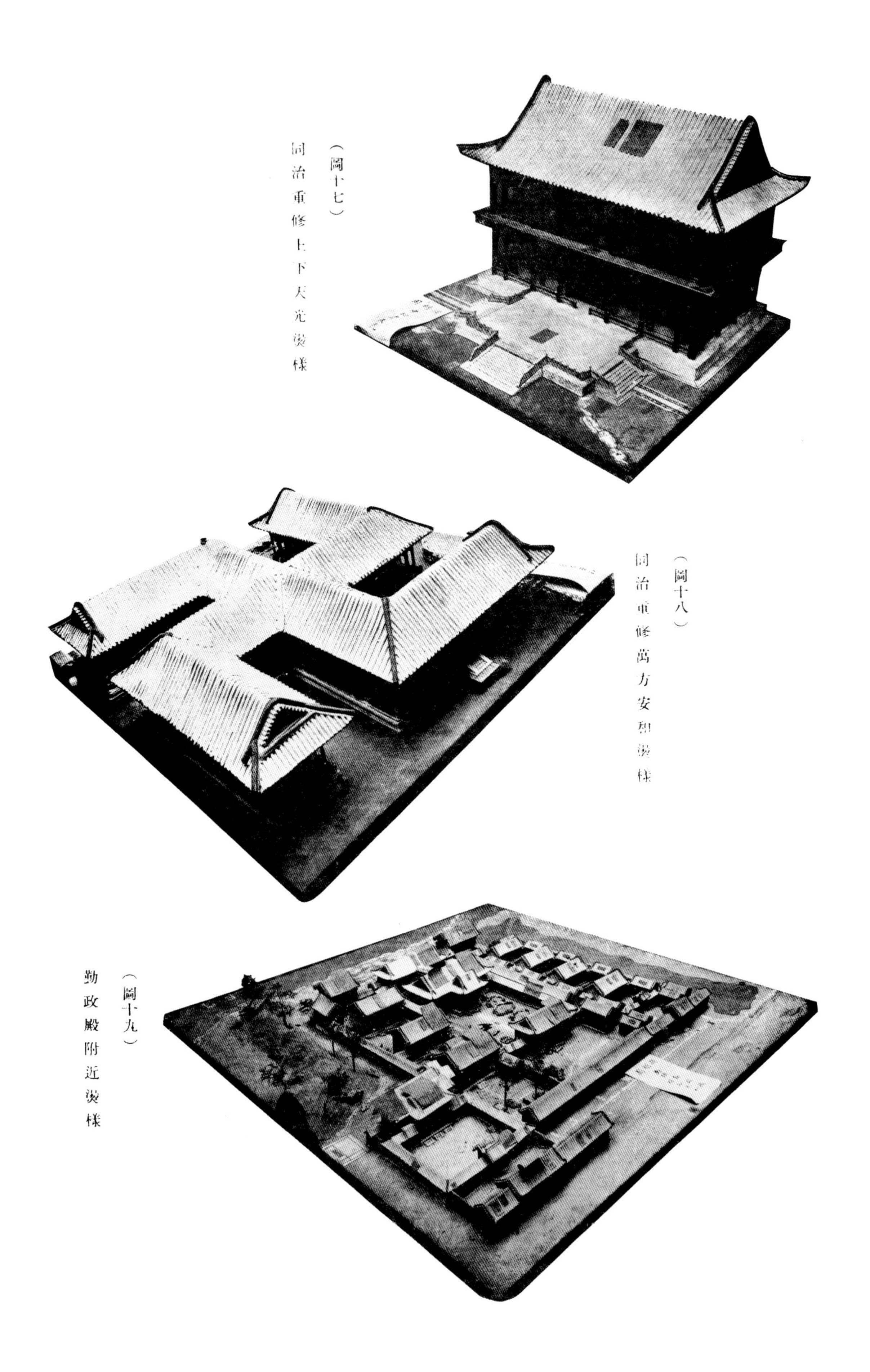

图 3-1-2　圆明园同治重修上下天光、万方安和、勤政殿附近烫样（选自 1935 年北平市政府秘书处《旧都文物略》）

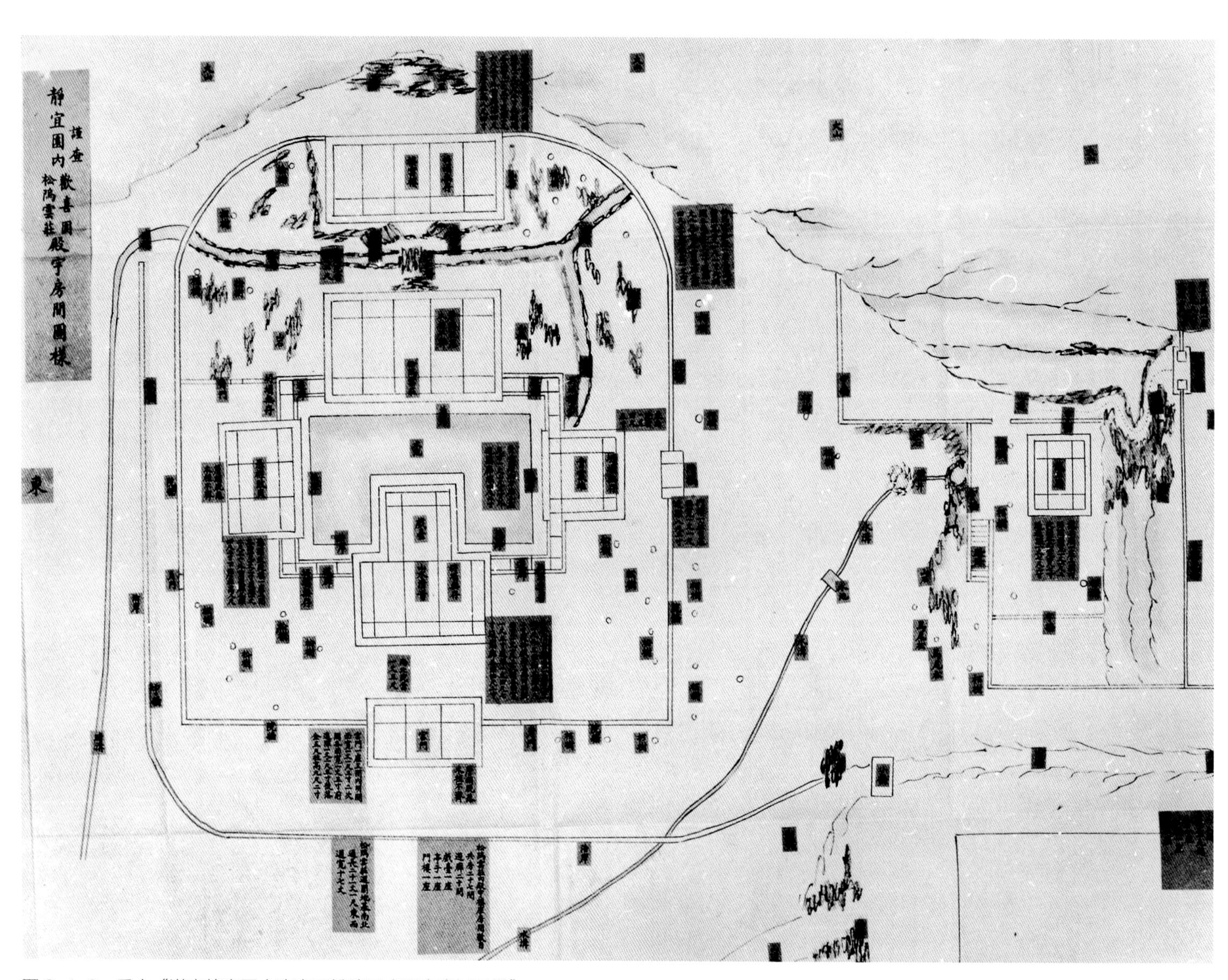

图 3-1-3 香山“谨查静宜园内欢喜园松隝云庄殿宇房间图样”

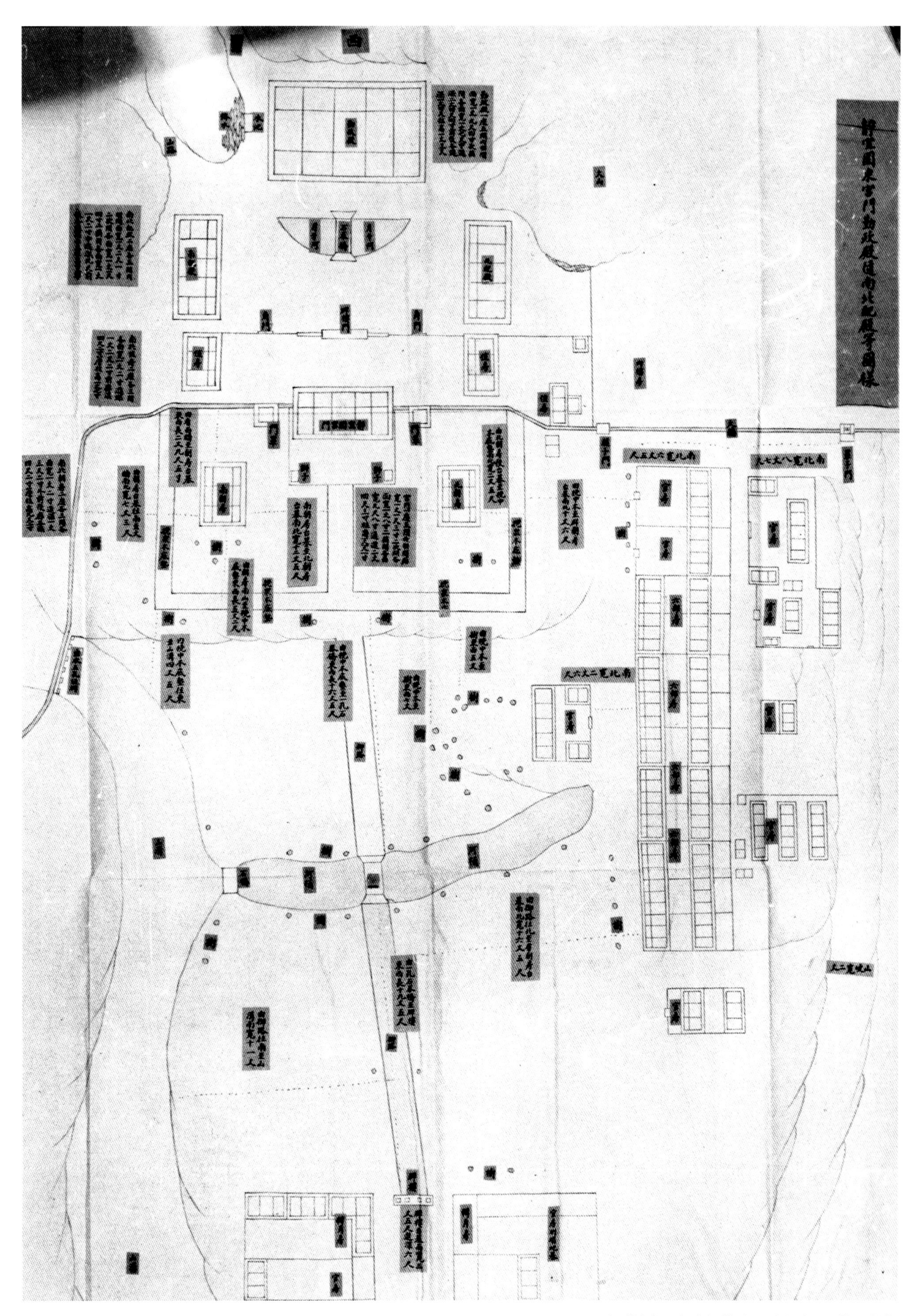

图 3-1-4　香山“静宜园东宫门勤政殿随南北配殿等图样”

图 3-5-1 千佛谱子之一（选自重庆出版社《西域绘画 · 10》）

图 3-5-2　千佛谱子之二（选自重庆出版社《西域绘画 · 10》）

图 3-5-3　“说法图”谱子（局部）（选自重庆出版社《西域绘画 · 10》）

图 3-5-4　“说法图”粉本（选自马明达、由旭声编《敦煌遗书线描画选》）

图 3-6-1　天花彩画示范图（选自 1955 年北京文物整理委员会《中国建筑彩画图案》）

图 3-6-2a 长廊月梁“灵仙祝寿”之一

图 3-6-2b 长廊月梁“灵仙祝寿”之二

图 3-6-2c 长廊月梁“灵仙祝寿”之三

图 3-6-2d　长廊月梁“灵仙祝寿”之四

图 3-6-2e　长廊月梁“灵仙祝寿”之五

图 3-6-2f　长廊月梁“灵仙祝寿”之六

图 3-6-3a　李作宾预制长廊“承彦桥归”包袱人物（耿刘同赠）

图 3-6-3b　钱慧安“承彦桥归”粉本（选自上海大东书局《近代名画大观》）

图 3-6-3c　李作宾长廊绘制的“承彦桥归”左行包袱人物

图 3-6-3d　李作宾长廊绘制的“承彦桥归”右行包袱人物

图 3-6-4a 孔令旺长廊寄澜亭绘制的“夜战马超”迎风板人物

图 3-6-4b 孔令旺长廊寄澜亭绘制的“夜战马超”迎风板人物局部

第四章
彩画式样

彩画式样，包括“大样”和“小样”。彩画作“大样”称“式样”（彩画作没有叫大样的），比例为 1 ∶ 1；“小样”也有叫“缩样”的，比例小于 1 ∶ 1。彩画式样主要分为设计式样、传承式样两大类，每类中又有白描、彩画、绘画等类别。

第一节 彩画设计式样

彩画设计式样是古建筑、仿古建筑彩画设计的重要表现形式，由彩色式样和白描式样组成。彩色设计式样可谓彩画设计的方案图，主要给业主及外行人看的彩画式样；白描式样是标明尺寸、号上颜色及简要说明的彩画施工图，是指导内行施工使用的。

一、卧佛寺彩画设计式样

在北京卧佛寺建筑群修缮工程时，笔者于三世佛殿西配房南稍间廊子金步的金檩上发现了 50~60cm 长的老彩画，为烟琢墨石碾玉旋子彩画，随即安排项目部继续寻找旧彩画，果不其然，在其他配房和裙房上也发现了老彩画，并按原状彩画绘制了式样。一种是龙锦方心旋子彩画（图 4-1-1），另一种是龙龙方心烟琢墨旋子彩画（图 4-1-2）。配殿原彩画的发现，为中轴线建筑彩画修复找到依据。最终由王仲杰先生把关，其弟子王光宾设计了彩画式样，将大雄宝殿墨线大点金旋子彩画修复为金琢墨石碾玉旋子彩画（图 4-1-3a、图 4-1-3b）。

二、长廊彩画设计式样

1978 年，正值改革开放之际，颐和园拟对长廊进行油漆彩画，彩画绘画题材的确定成为修复的焦点。有人主张按传统题材修复的，也有人主张改画现代革命题材的，谁都拿不定主意。为了决策方便，先设计彩画式样：由冯义画师绘画了迎风板和包袱线法式样（图 4-1-4a、图 4-1-4b），孔令旺画师绘画了传统题材的“霸王别姬”和现代题材“白毛女”包袱人物。其中，“霸王别姬”包袱人物是按戏剧片段绘画的、“白毛女”是以彩色小人书《白毛女》第 26 图为粉本绘画的（图 4-1-5a、图 4-1-5b）。

此外，长廊四架梁方心线法拟改为长征题材，我见到的是一幅爬雪山场面的彩画式样。我们今天见到的长廊彩画最终还是由周恩来总理亲自确定的（图 4-1-6）。

三、祈年殿建筑群彩画式样

为迎接 2008 年北京奥运会，作为古建筑保护修缮的“1 号”工程于 2004~2005 年进行全面修缮（图 4-1-7），园林古建公司依据现状彩画绘制了彩画小样，作为彩画施工的样本。绘制的主要建筑彩画式样有祈年门外檐彩画式样，皇乾殿外檐彩画式样（图 4-1-8a、图 4-1-8b），祈年殿一层、二层、三层外檐彩画式样（图 4-1-9a、图 4-1-9b、图 4-1-9c）。祈年殿建筑群彩画式样已由北京市园林古建工程有限公司捐献于中国园林博物馆收藏。

四、彩画效果图设计式样

彩画式样已满足不了现代彩画设计需求，当今业主多要求绘制效果图。第九届中国（北京）国际园林博览会“北京园”聚景阁首层内檐彩画，由北京华宇星园林古建设计所按传统彩画施色绘制了效果图，北京市园林绿化局（业主）感觉室内太暗，要求做一下调整。笔者便将天花边等部分冷色调改成暖色调的大红色，业主和总设计感觉还是欠点明快，施工中便将枝条改为明快的章丹色，将燕尾纹饰改为暖色调，更换了冷色调纹饰的天花。竣工后，室内明快了，效果还不错，得到业主和总设计的认可（图 4-1-10a、图 4-1-10b）。

第二节 彩画传承式样

传承式样是真实地摹拓记录现状彩画信息而绘制的彩画式样。传承式样主要是作为彩画修复的依据及研究资料，使中国建筑彩画得以真实准确地传承。

一、《中国建筑彩画图案》

由北京文物整理委员会编辑的《中国建筑彩画图案》两集，1955 年版本为清代彩画，1958 年版本为明代彩画，杜仙州先生为两本图案撰写了说明（图 4-2-1a、图 4-2-1b）。

1.《中国建筑彩画图案》（清代彩画）

1954 年 9 月，由北京文物整理委员会编、人民美术出版社出版、发行的《中国建筑彩画图案》书内仅有 10 张式样，印数 500 册。内有林徽因的序，只有文字，没有插图和注释，是为首版。1955年3月由人民美术出版社出版、发行的《中国建筑彩画图案》,由北京文物整理委员会杜仙州主编,刘醒民、陈连瑞等画师制作式样,特请林徽因作序,梁思成、莫宗江配图。书内收录清乾隆时期以后的彩画式样和白描式样共36幅,将清中期以后各种彩画形式基本收全,可作为清式彩画修复设计与研究的参考式样(图4-2-2a、图4-2-2b、图4-2-2c、图4-2-2d)。

2.《中国建筑彩画图案(明式彩画)》

由北京文物整理委员会杜仙州主编,由金荣、陈长龄、王仲杰、刘世厚、吕俊岑等画师对当时现存的明代彩画进行"影拓""摹绘",并测量记录后绘制式样,1958年由中国古典艺术出版社出版、发行。林徽因已答应为明代彩画作序,可惜没来得及撰写便去世了,因而沿用原序。书内收录当时传世明代彩画的彩画式样22幅:

1~2图为"北京故宫南熏殿彩画";

3~7图为"北京智化寺万佛阁彩画";

8图为"北京智化寺万法堂彩画";

9图为"北京智化寺大智殿彩画";

10~17图为"北京东四牌楼清真寺礼拜殿彩画";

18图为"北京故宫太庙琉璃门雕饰";

19图为"昌平明长陵琉璃门雕饰";

20~21图为"大同善化寺彩画";

22图为"大同兴国寺后殿彩画"。

《中国建筑彩画图案(明式彩画)》传承式样当属明代彩画(业内称明式彩画)式样,记录了当时被发现的现存北京及大同明代彩画的真实信息(图4-2-3a、图4-2-3b、图4-2-3c、图4-2-3d)。

3.林徽因《中国建筑彩画图案》序

1955年出版的《中国建筑彩画图案》(清代彩画)是由林徽因先生作的序,序中插图一由莫宗江先生配图,插图二至九由梁思成先生配图,可谓"妇唱夫随",相得益彰的佳作。序与插图构成了一部中国建筑彩画简史的框架,为后人研究中国建筑彩画历史与发展奠定了坚实的基础。从另一角度而言,梁思成及莫宗江先生的插图亦是中国建筑彩画的传承粉本,林徽因先生的序则是对传承粉本的最佳解读(图4-2-4a、图4-2-4b)。

二、孙大章《中国古代建筑彩画》

孙大章先生,为中国建筑设计研究院高级工程师,他退休返聘在原单位,发现单位的一个房间内存有大量彩画式样,都是20世纪50年代中国建筑设计研究院请知名画师对当时现存彩画进行测量绘制的,孙老整理后,将其配上文字形成书稿,由中国建筑工业出版社出版发行了《中国古代建筑彩画》一书,该书成为建筑彩画修复设计和彩画研究的重要史料,使一批中国建筑彩画传承式样得以传承(图4-2-5a、图4-2-5b、图4-2-5c、图4-2-5d)。这一过程,孙大章先生在其《中国古代建筑彩画》前言中作了详细的说明:

"原建筑工程部建筑科学研究院建筑理论及历史研究室成立于1956年,专门从事中国古代建筑的研究工作,……先后绘制了一批北京地区官式彩画范例的图样及宋《营造法式》彩画作图样的敷彩复原的图稿。'文革'前还对北京地区若干具有高深水平的寺院彩画实例进行调查临摹测绘,绘制出缩尺的图稿。涉及的项目包括北京智化寺明代彩画、牛街清真寺仿明代彩画、瑞应寺清代彩画、八大处大悲寺药师殿彩画、隆福寺正觉殿彩画等,累计图稿达一百余幅,每幅皆精工绘制,颜色沉稳,构图准确,细部精详。与此同时,建筑科学研究院与南京工学院合办的建筑理论与历史研究室南京分室的研究人员亦开始对皖南民居的明代彩画进行调查与测绘,在张仲一先生的带领下完成了歙县呈坎乡罗氏宗祠宝纶阁及休宁县吴省初宅的调查,共手绘彩色梁枋彩画图纸三十余幅,并有单线画稿三十余张。以上临摹的建筑对象有的已经日渐残破,有的已经不存,所以这批资料更为珍贵。"

三、北海快雪堂清中期苏式彩画传承式样

1988年,园林古建公司画师们用了一年多的时间对北海快雪堂彩画进行普查记录,由张京春、王忠福二人绘制了12幅传承式样,工程竣工后,这些彩画式样由北海公园归档收藏。快雪堂传承式样曾在《古建园林技术》杂志上发表,也被许多书刊引用,是修复清乾隆时期苏式彩画的主要粉本(图4-2-6a、图4-2-6b、图4-2-6c)。

四、北京柏林寺行宫院清早期苏式彩画传承式样

快雪堂彩画修复后获得广泛好评,1990年,园林古建公司便承接了北京柏林寺行宫院油漆彩画工程,罗德阳任项目经理。现存彩画残留很少。经过现场勘查研究,由罗德阳、张京春、包一键、杨翠萍4位画师分别绘制了4幅彩画式样(图4-2-7a、图4-2-7b、图4-2-7c、图4-2-7d),指导彩画修复,抢救了清代最早的一处苏式彩画,得到多方好评。

五、东岳庙东路彩画传承式样

北京东岳庙东路修缮工程,园林古建公司中标后,笔者便来到现场,见油漆下面的沥粉线条与众不同,估计为两处特殊彩画,当即安排成立课题小组,请王仲杰老先生作指导,在第五分部经理赵金玉大力支持下,在公司总工程师毛国华及工程

管理部部长张峰亮的积极配合下，迅速成立了以薛玉宝、王光宾、李海先为主的课题小组。小组分工：薛玉宝负责全面工作，李海先负责脱漆工艺试验及脱漆处理，王光宾、郑春涛负责彩画测绘和式样制作。

东岳庙东路在修缮前一直被学校使用，木构件曾多次刷漆，将老彩画压盖在了下面，课题研究的关键是如何清除漆皮探索油漆下面的彩画。李海先亲自上阵，使原彩画露出庐山真面目（图 4-2-8a、图 4-2-8b）。伏魔殿前外檐为烟琢墨搭袱子旋子彩画，伏魔殿后三间后檐为金线方心式苏式彩画（图 4-2-9a、图 4-2-9b）。两处彩画均为清中期彩画。特别是伏魔殿外檐三间均做搭袱子，是现存旋子彩画中的首例（图 4-2-10a、图 4-2-10b、图 4-2-10c）。伏魔殿彩画不但纹饰好，异兽也好，池子花鸟绘画得更好，6 个池子画了 6 样花、6 种鸟。

第三节
摹本式样

摹本是在壁画、彩画等绘画作品上临摹拓拓的稿本。粉本包括摹本。传承式样偏重于宏观，摹本侧重微观和细节。传承式样反映的是建筑开间、进深部位的彩画；摹本表现的是迎风板、包袱、聚锦等绘画载体内的绘画。因摹本的特殊功能，故单独说明。

粉本作为画样时，可以进行临摹或再创作，摹本要依照原作忠实地进行复制。依据粉本作画，不一定要遵照原样，可以添加改动，甚至可以参照不同的粉本组合新的画面。我们今天所见到的彩画绘画大都是参照粉本进行再创作的。摹本用于复制、修复文物建筑，必须忠实于原作。

一、《颐和园建筑彩画艺术》摹本

由颐和园管理处、高大伟等人编著的《颐和园建筑彩画艺术》，书中大量的白描图是最为珍贵的，都是在颐和园现状彩画上临摹拓拓后，再结合照片，最终利用数码技术完成白描图——摹本，成为现在和将来彩画修复的重要依据，如鱼藻轩李作宾“吕布刺董卓”包袱人物（图 4-3-1a、图 4-3-1b）、玉澜堂“玉兰鹦鹉”廊心花鸟等（图 4-3-2a、图 4-3-2b）。

二、王光宾颐和园彩画绘画摹本

王光宾是园林古建公司的一名女画师，师承王仲杰、冯庆生。

她为颐和园制作了大量彩画绘画摹本，其最突出的是长廊八角亭迎风板白描摹本。8 块迎风板人物绘画早已深入人心，将来修复时只能忠实于原作，因此，颐和园管理处请王光宾手工绘制了摹本，并收录在 2006 年 9 月出版的《颐和园排云殿—佛香阁—长廊大修实录》中。8 幅迎风板人物绘画摹本分别是：

留佳亭：东面“草木贲华”匾下的“桃花源记”（图 4-3-3a、图 4-3-3b）和西面“文思光被”匾下的“大闹天宫”（图 4-3-4a、图 4-3-4b）迎风板人物，为李作宾绘画作品。

寄澜亭：东面“夕云凝紫”匾下的“夜战马超”（图 4-3-5a、图 4-3-5b）和西面“烟霞天成”匾下“八大锤”（图 4-3-6a、图 4-3-6b）迎风板人物，为孔令旺绘画作品。

秋水亭：东面“禀经制式”匾下的“枪挑小梁王”（图 4-3-7a、图 4-3-7b）和西面“德音汪濊”匾下“竹林七贤”（图 4-3-8a、图 4-3-8b）迎风板人物，为孔令旺绘画作品。

清遥亭：东面“俯镜清流”匾下的“长坂坡”（图 4-3-9a、图 4-3-9b）和西面“云郁河清”匾下“三英战吕布”（图 4-3-10a、图 4-3-10b）迎风板人物，为李作宾绘画作品。

三、北京嵩祝寺宝座殿彩画摹本

嵩祝寺是在明代番经厂和汉经厂遗址上建造的，嵩祝寺规模宏大、格局完整，包括中路的嵩祝寺、东路法渊寺（已无存）、西路智珠寺。始建于清雍正十一年（公元 1733 年），为第二世章嘉呼图克图在京的驻地和宗教活动场所。寺中突出的是保留下来的建筑彩画，特别是内檐彩画，为清雍正和清乾隆时期原汁原味的彩画。2014 年园林古建公司对嵩祝寺进行全面修缮，项目经理李燕肇在修缮中发现保留传承了一处清雍正时期的彩画。

嵩祝寺中路的宝座殿为五间硬山带三间抱厦的建筑，室内吊有顶棚，拆除顶棚后发现了近似于龙草和玺形式的彩画：龙龙方心不是圭角纹饰，而是叉角形的，与旋子彩画方心相同；找头部位刷香色地儿，纹饰为晕色吉祥草加点金做法。前檐金步外檐彩画保留较为完好，廊子完整地保留着抱头梁彩画，穿插枋、檐檩彩画无存（图 4-3-11a、图 4-3-11b）。此外，明间脊步还保留着完好的系袱子形式彩画。李燕肇见此彩画较为新颖独特，便安排其徒弟江永良对现状彩画进行摹拓号色，制作白描谱子和彩画式样（图 4-3-12a、图 4-3-12b）。每步工作精准细致，一丝不苟，使嵩祝寺雍正十一年（公元 1733 年）的初始彩画得以传承（图 4-3-13a、图 4-3-13b、图 4-3-13c、图 4-3-13d）。

图 4-1-1 北京卧佛寺配殿廊金步“龙锦方心”墨线大点金旋子彩画式样（王光宾绘制）

图 4-1-2 北京卧佛寺配殿廊金步“龙龙方心”烟琢墨石碾玉旋子彩画式样（王光宾绘制）

图 4-1-3a　北京卧佛寺三世佛殿明间金琢墨石碾玉旋子彩画式样（王光宾绘制）

图 4-1-3b　修复后的卧佛寺三世佛殿后檐明间金琢墨石碾玉旋子彩画

图 4-1-4a 1978 年冯义为长廊彩画修复绘画的迎风板洋抹线法式样（冯义供）

图 4-1-4b 1978 年冯义为长廊彩画修复绘画的包袱线法式样（冯义供）

图 4-1-5a　彩色连环画《白毛女》第 26 图粉本（张民光藏本）

图 4-1-5b　1978 年孔令旺为长廊彩画修复绘画的《白毛女》包袱人物式样（张民光赠）

图 4-1-6　1979 年颐和园长廊彩画

图 4-1-7　2005 年修缮中的天坛祈年殿

图4-1-8a　天坛祈年门外檐“龙凤和玺”彩画小样（中国园林博物馆收藏）

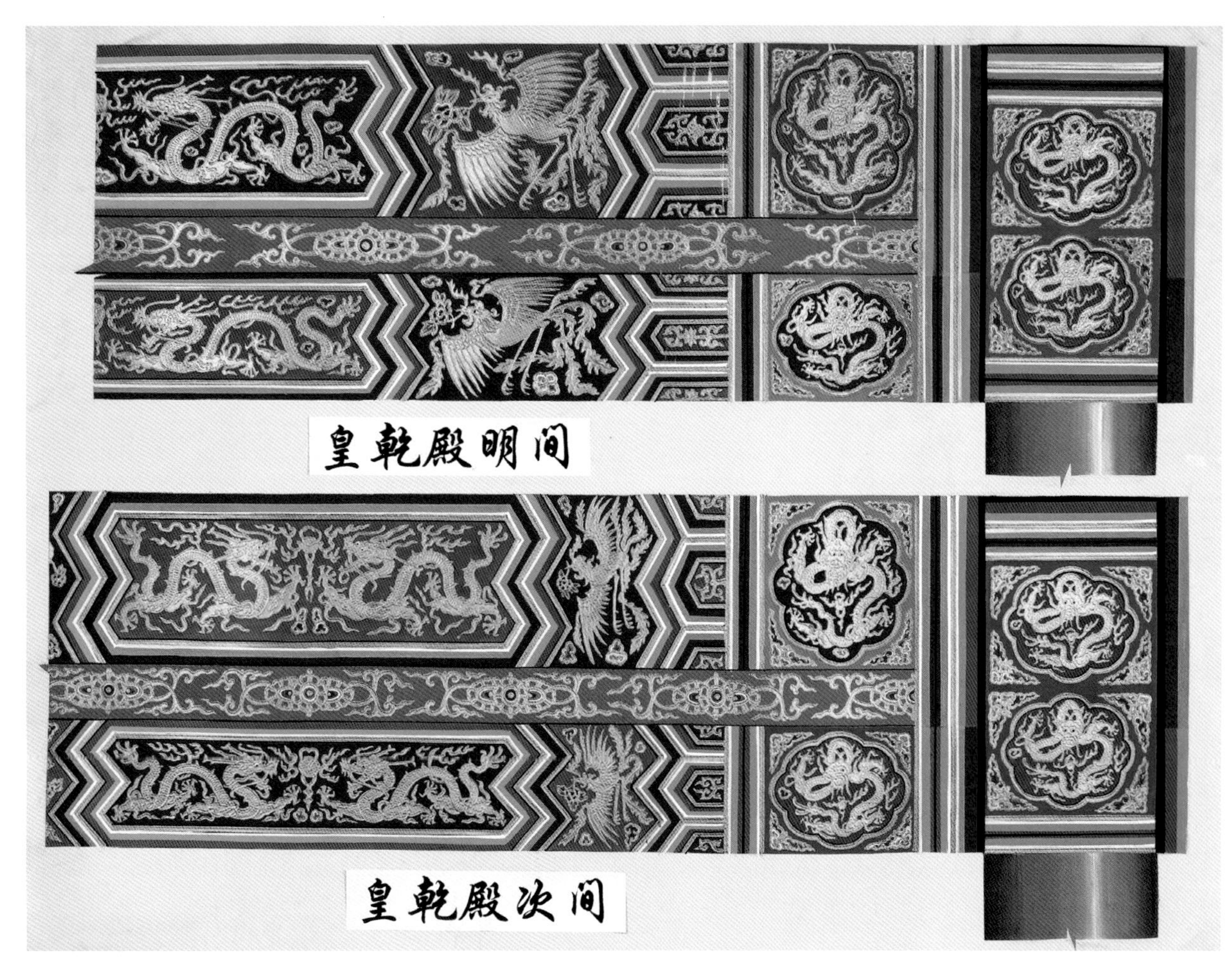

图4-1-8b　天坛皇乾殿明间、次间外檐“龙凤和玺”彩画小样（中国园林博物馆收藏）

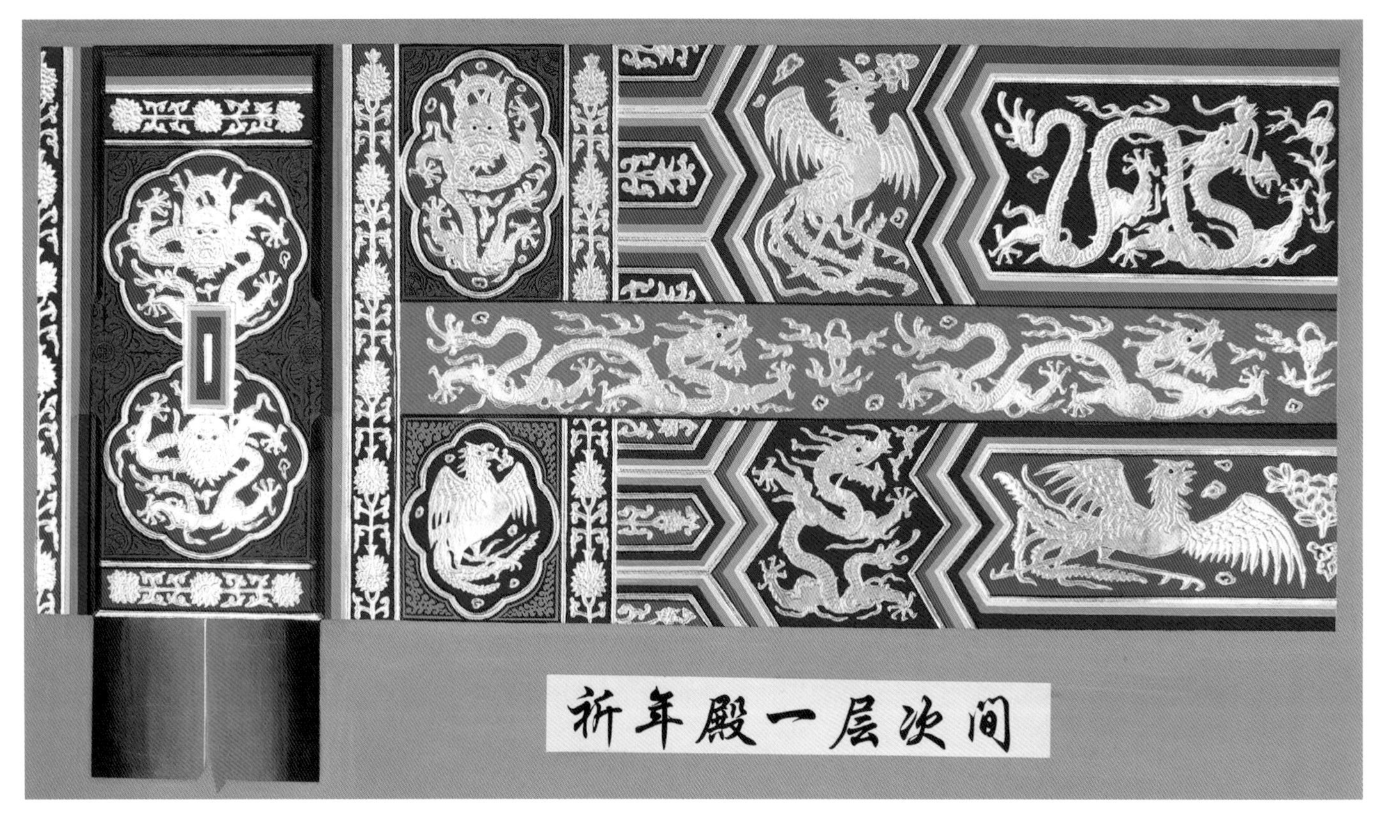

图4-1-9a 天坛祈年殿一层檐次间“龙凤和玺”彩画小样（中国园林博物馆收藏）

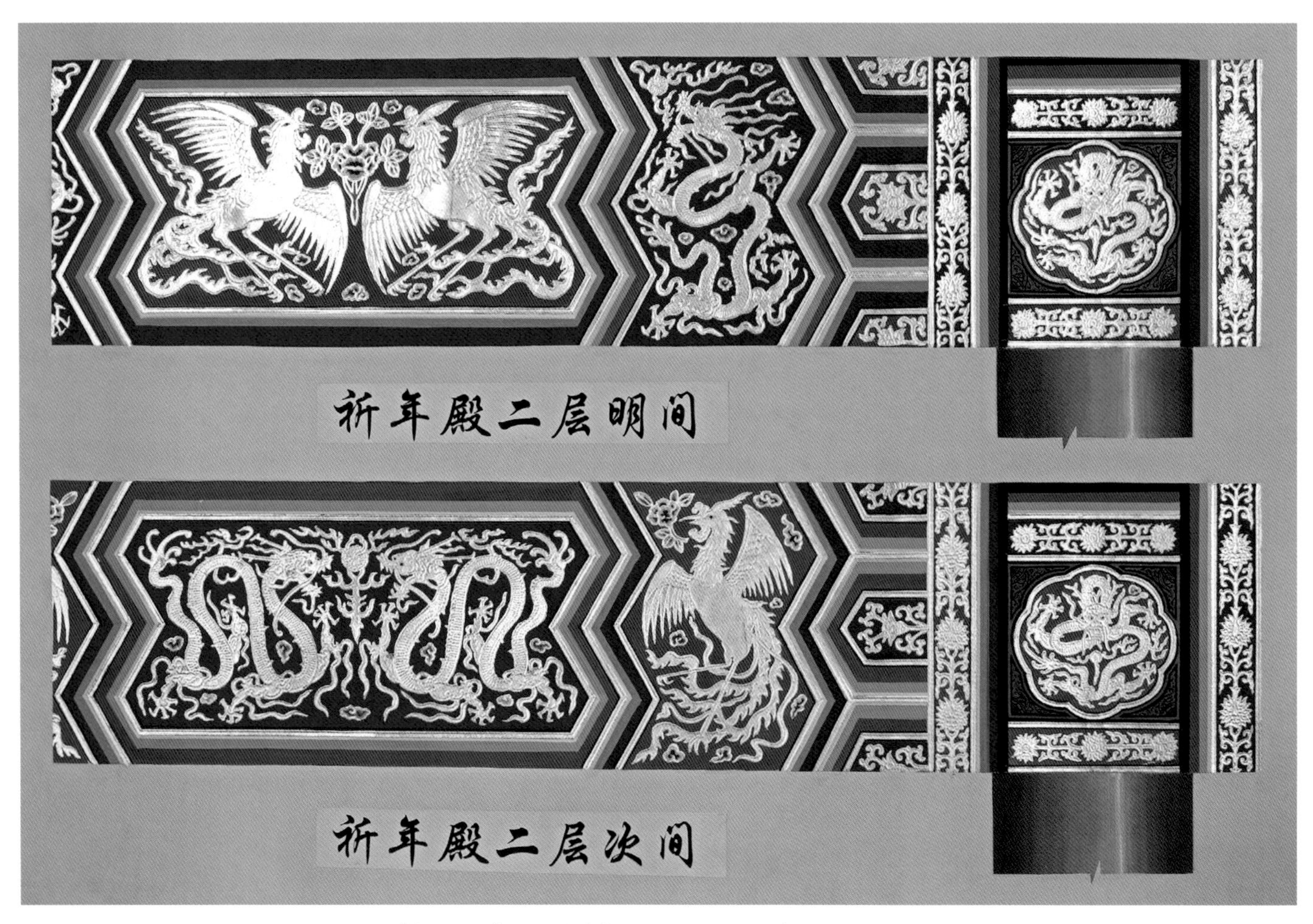

图4-1-9b 天坛祈年殿二层檐明间、次间“龙凤和玺”彩画小样（中国园林博物馆收藏）

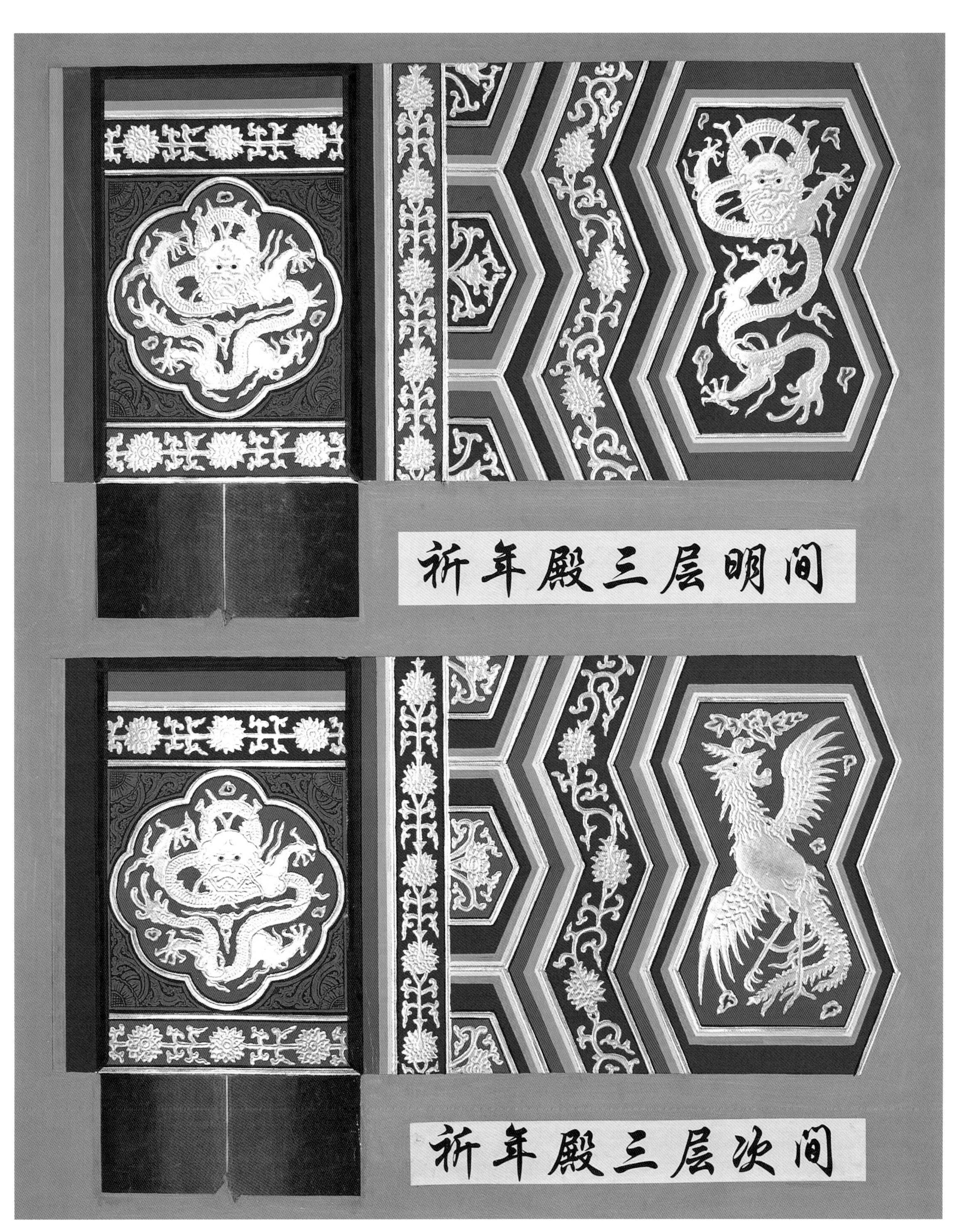

图 4-1-9c　天坛祈年殿三层檐明间、次间“龙凤和玺”彩画小样（中国园林博物馆收藏）

图4-1-10a　北京园博会北京园聚景阁首层内檐彩画调整后的效果图（肖辉供）

图4-1-10b　北京园博会北京园聚景阁首层内檐彩画

图 4-2-1a　2009 年 5 月杜仙州老先生与杨宝生交谈

图 4-2-1b　《中国建筑彩画图案》清代彩画与明式彩画两集

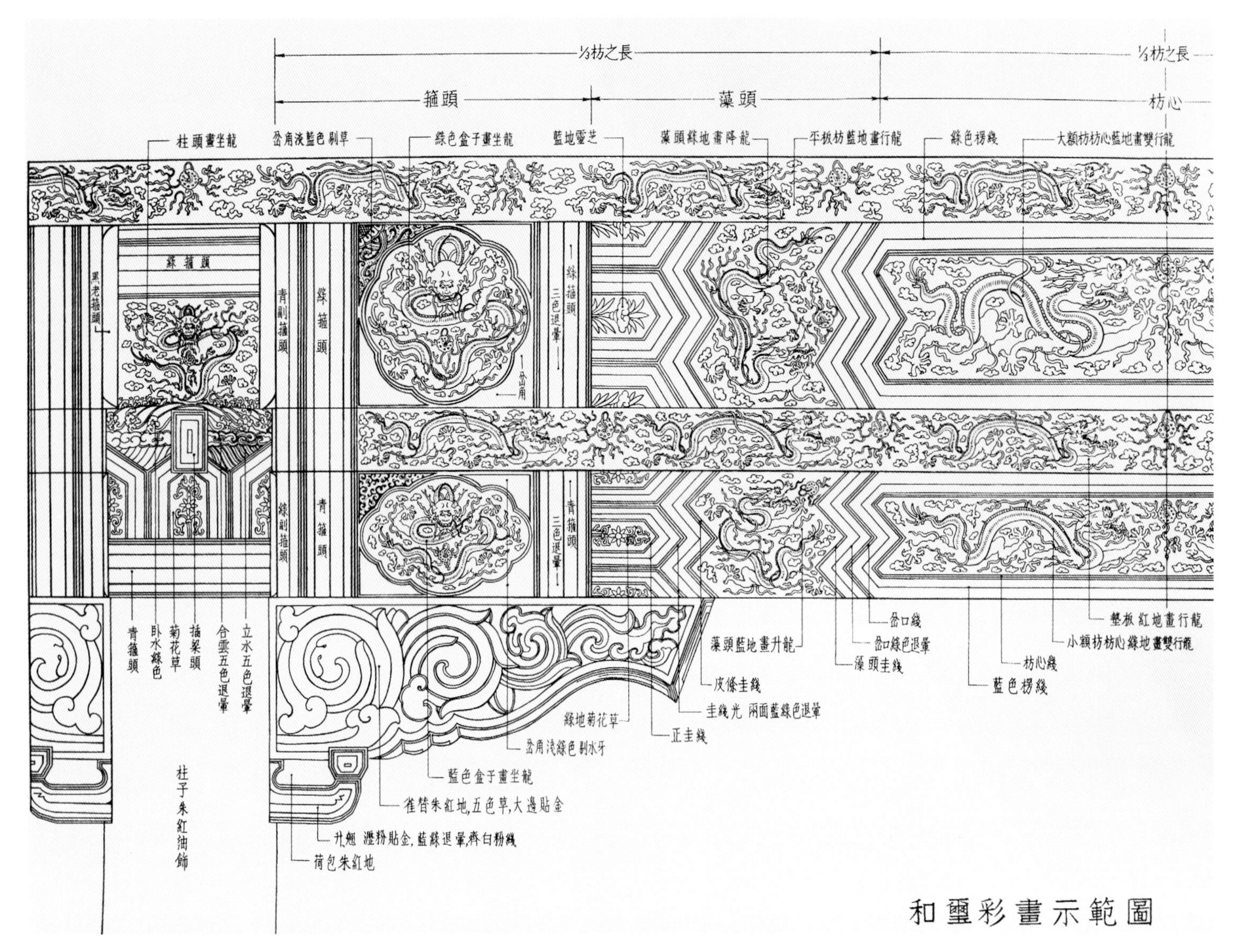

图 4-2-2a 《中国建筑彩画图案》清代金龙和玺彩画白描式样（选自 1955 年北京文物整理委员会《中国建筑彩画图案》）

图 4-2-2b 《中国建筑彩画图案》清代金龙和玺彩画式样（选自 1955 年北京文物整理委员会《中国建筑彩画图案》）

图 4-2-2c　《中国建筑彩画图案》清代金线海墁蝠鹤锦龙彩画式样（选自 1955 年北京文物整理委员会《中国建筑彩画图案》）

图 4-2-2d　《中国建筑彩画图案》清代金线包袱式苏式彩画式样（选自 1955 年北京文物整理委员会《中国建筑彩画图案》）

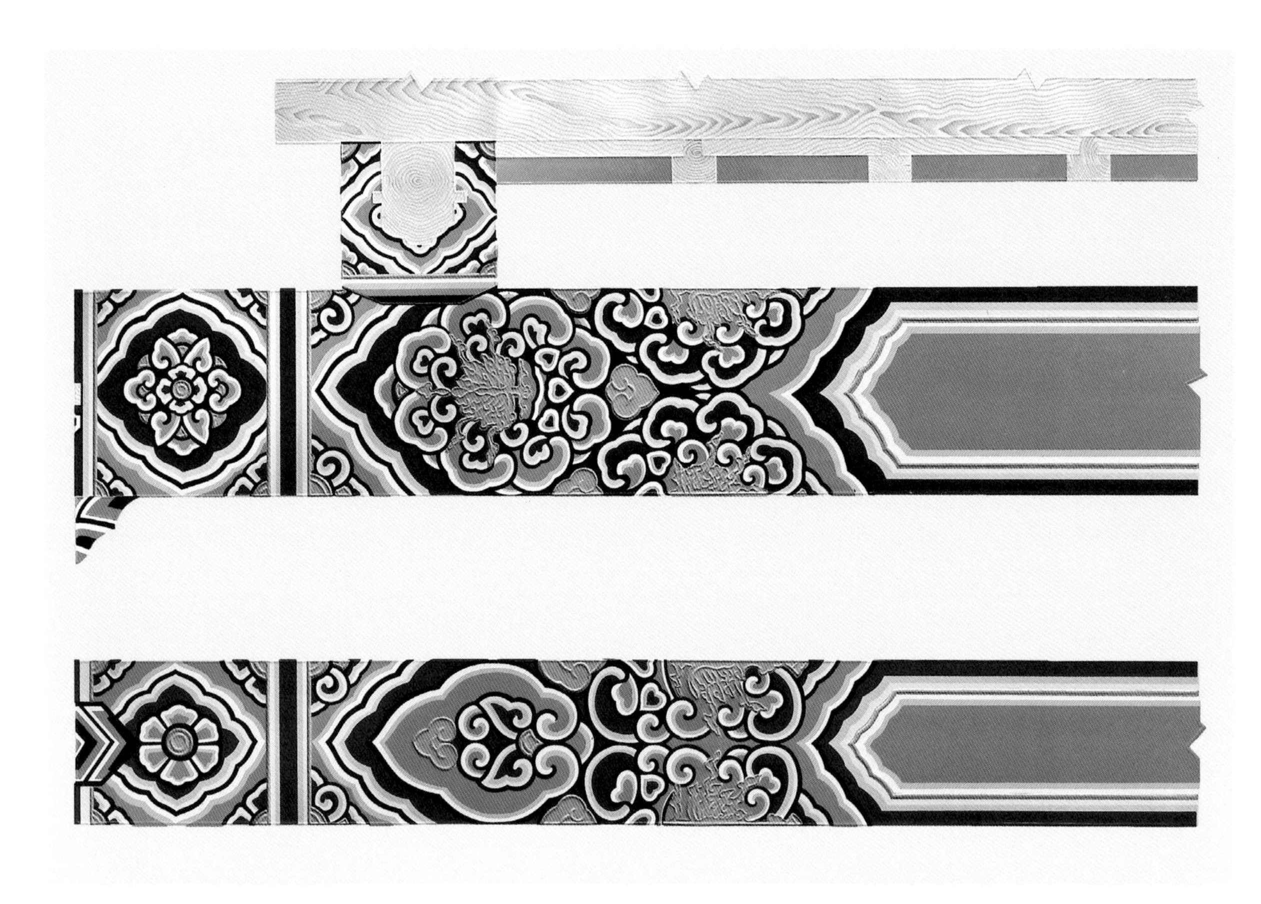

图 4-2-3a 北京智化寺明式彩画（选自 1958 年北京文物整理委员会《中国建筑彩画图案（明式彩画）》）

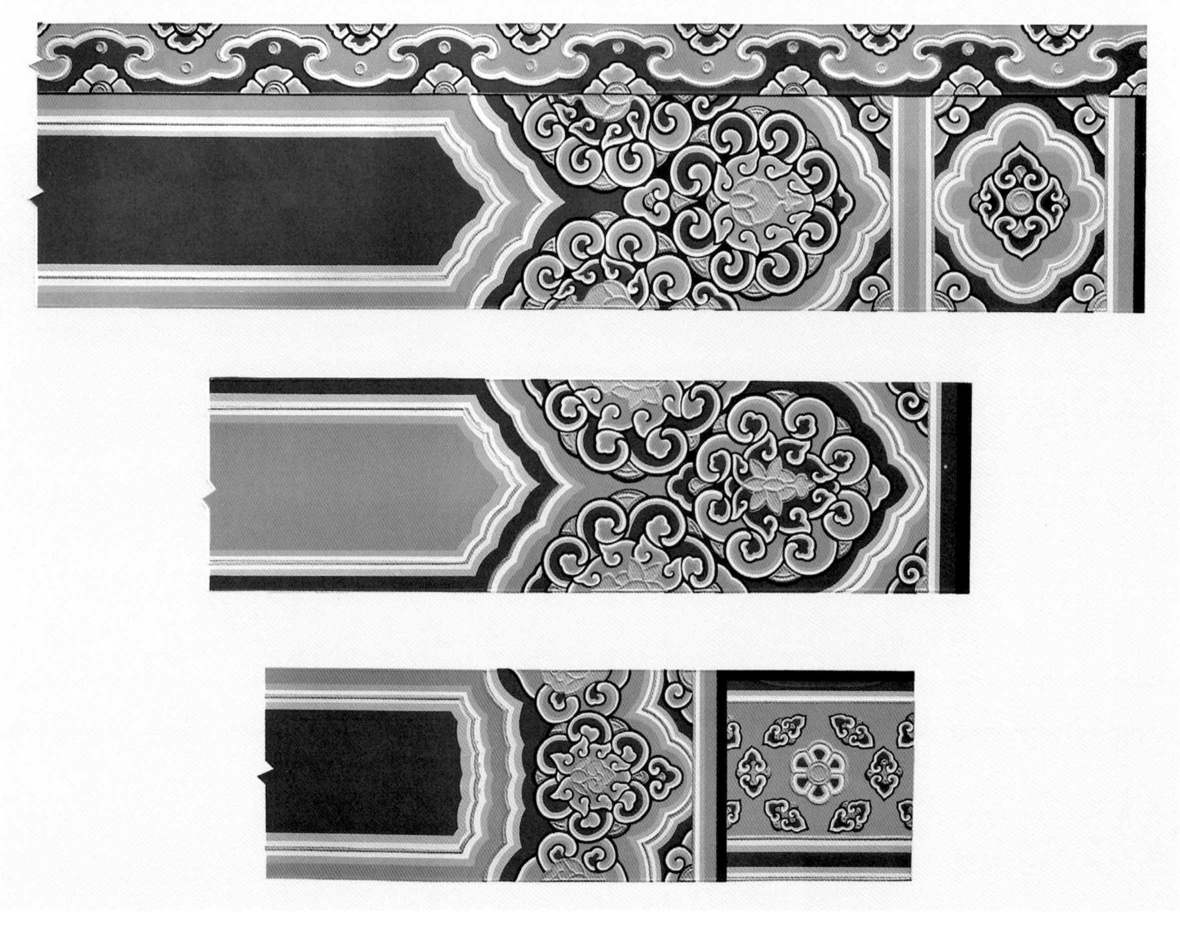

图 4-2-3b 北京故宫南薰殿明式彩画（选自 1958 年北京文物整理委员会《中国建筑彩画图案（明式彩画）》）

图 4-2-3c　东四牌楼清真寺礼拜殿明式彩画（选自 1958 年北京文物整理委员会《中国建筑彩画图案（明式彩画）》）

图 4-2-3d　大同善化寺明式彩画（选自 1958 年北京文物整理委员会《中国建筑彩画图案（明式彩画）》）

附　　圖

一　五代至明彩畫圖案示例圖

四川成都五代王建墓內部券面彩畫

甘肅敦煌莫高窟北宋初窟廊彩畫

北宋末[營造法式]彩畫制度

北京智化寺明代萬佛閣梁下彩畫

图 4-2-4a　《中国建筑彩画图案》序插图一（莫宗江绘制）（选自 1955 年北京文物整理委员会《中国建筑彩画图案》序）

五　明式彩畫舉例

故宫迎瑞門　（琉璃門）

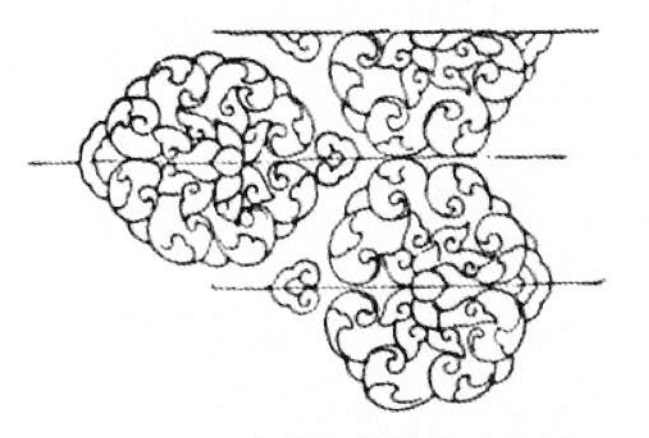

明式藻頭旋瓣花的位置

故宫永康左門　（琉璃門）

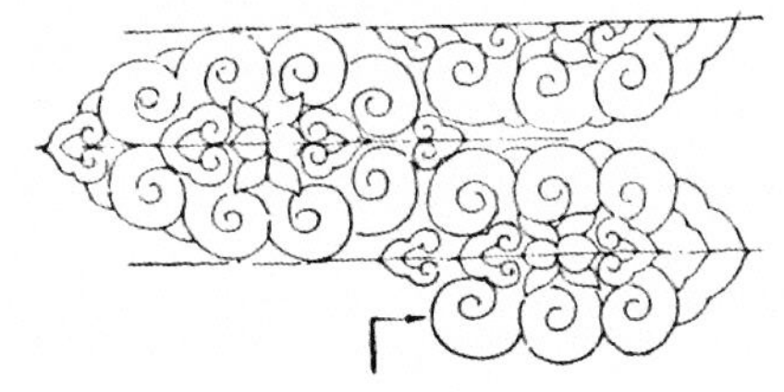

旋花半朵轉入梁底

北京文天祥祠額枋彩畫

藻頭加長的處理方法之一

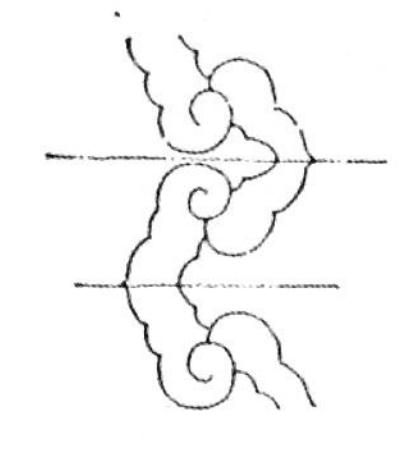

「一整二破」之間的加入部分，是清式「加二路」的前身。

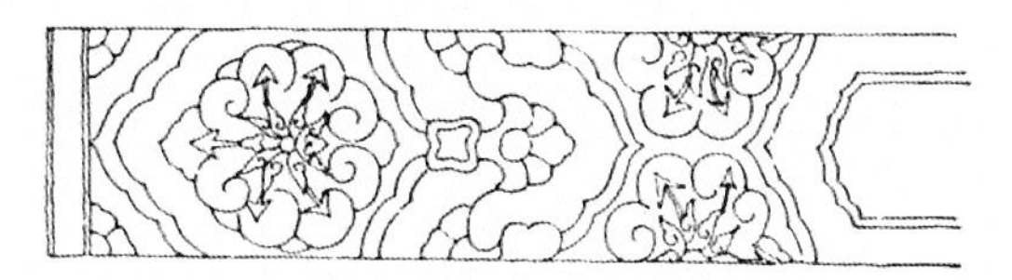

北京智化寺如來殿木梁彩畫

藻頭加長的處理方法之二

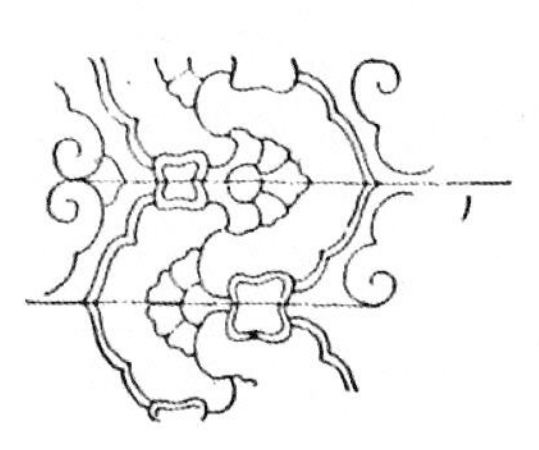

清式「勾絲咬」的前身

六　清式旋子彩畫部分名稱及不同長度的藻頭的處理方式

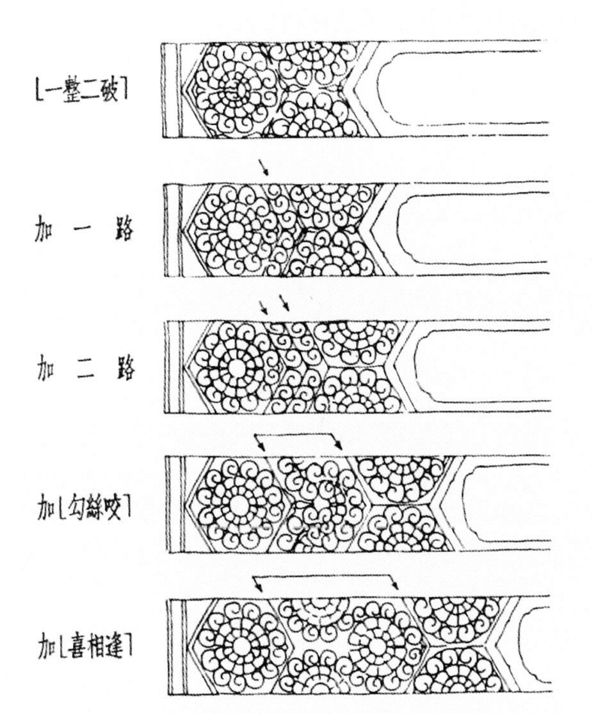

以「一整二破」爲基礎的藻頭的處理方式

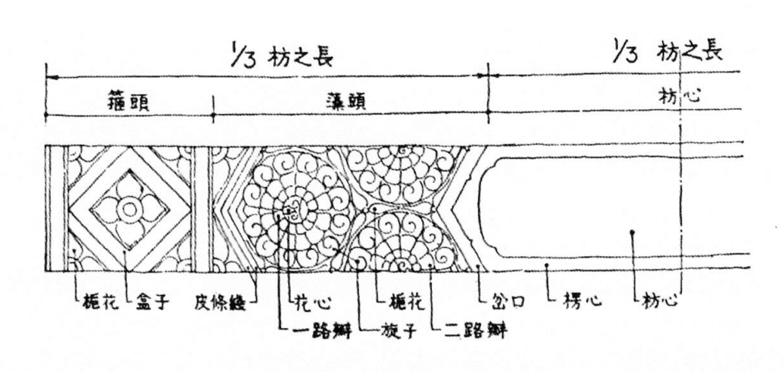

图 4-2-4b　《中国建筑彩画图案》序插图五和六（梁思成绘制）
（选自 1955 年北京文物整理委员会《中国建筑彩画图案》序）

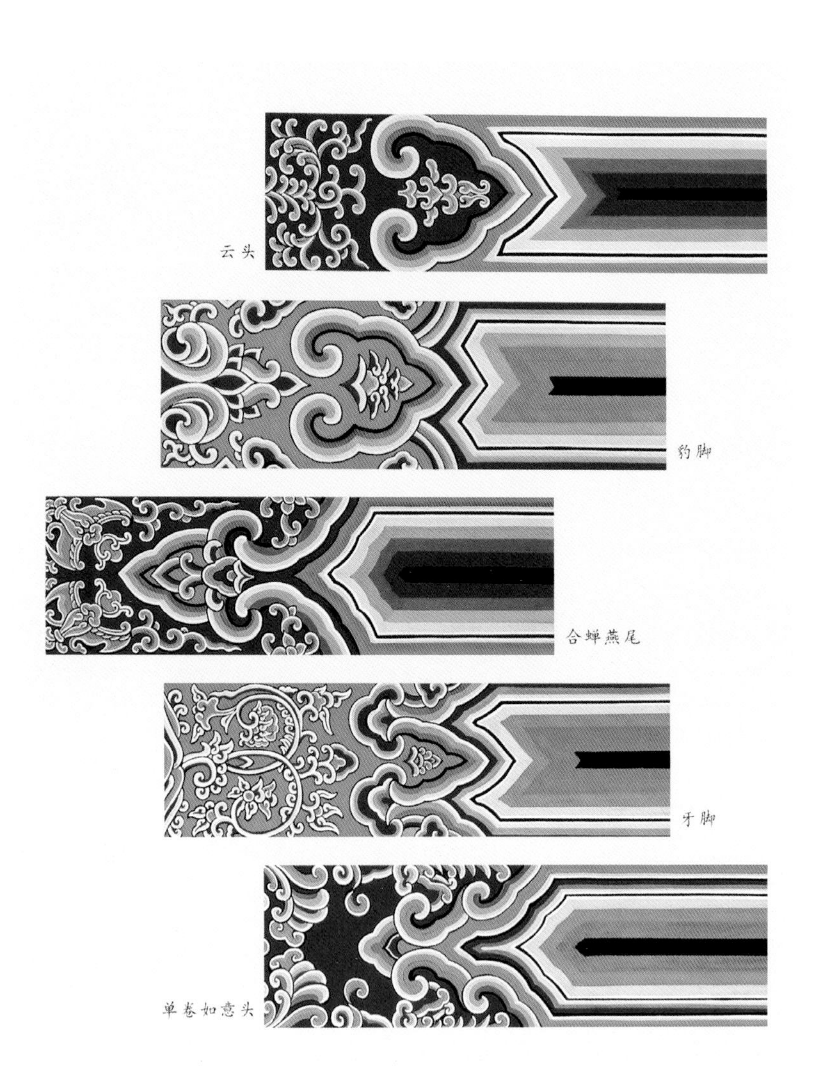

图 4-2-5a　宋《营造法式》彩画作图样敷彩复原图稿彩画式样之一（选自 孙大章《中国古代建筑彩画》）

图 4-2-5b　北京瑞应寺原状清代彩画式样之一（选自 孙大章《中国古代建筑彩画》）

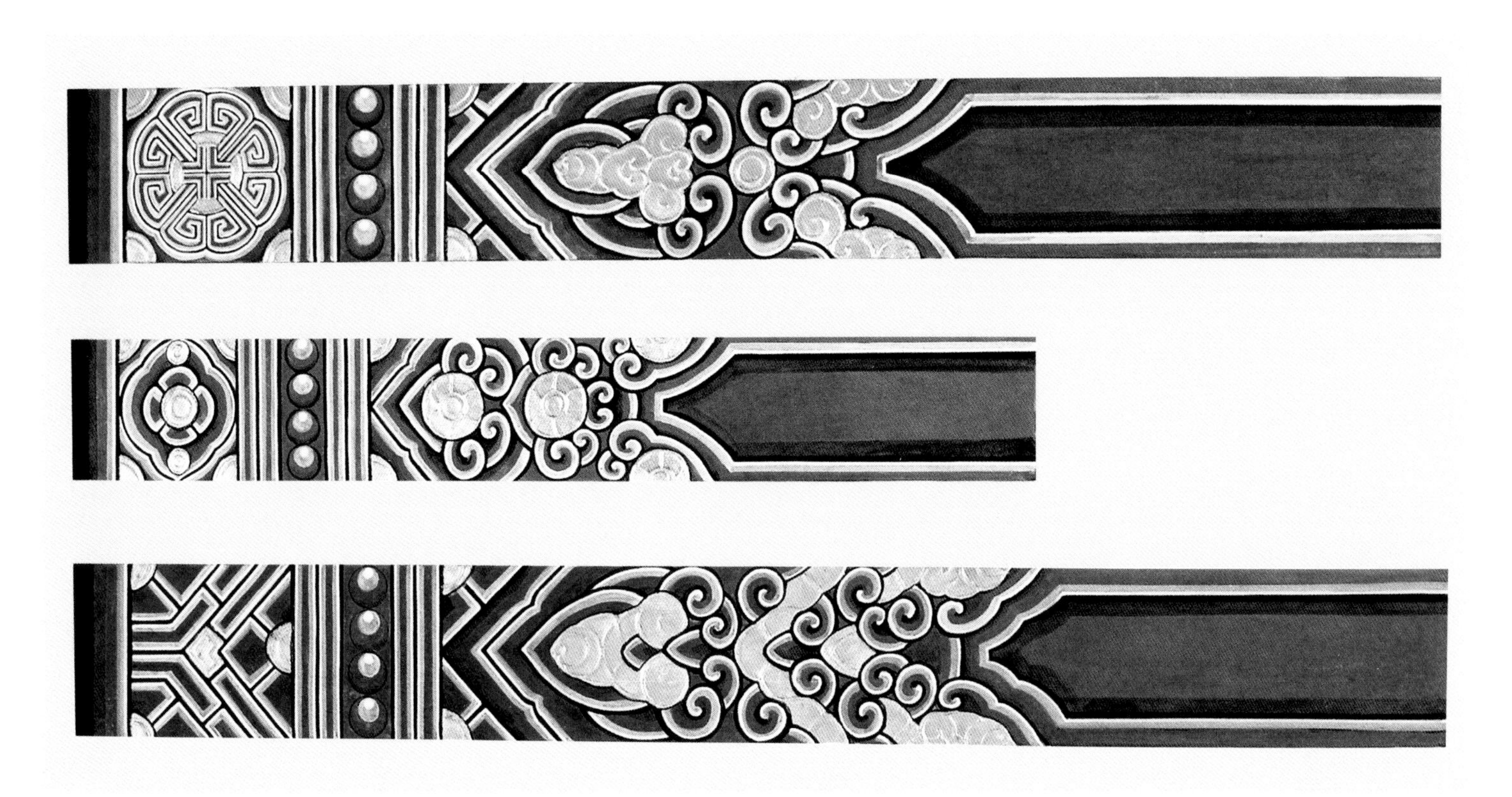

图 4-2-5c　"北京雍和宫北出土亭子彩画复原图"彩画式样（选自 孙大章《中国古代建筑彩画》）

图 4-2-5d　北京隆福寺原状藻井彩画式样之一（选自 孙大章《中国古代建筑彩画》）

图 4-2-6a　北京北海公园快雪堂澄观堂金步包袱彩画式样

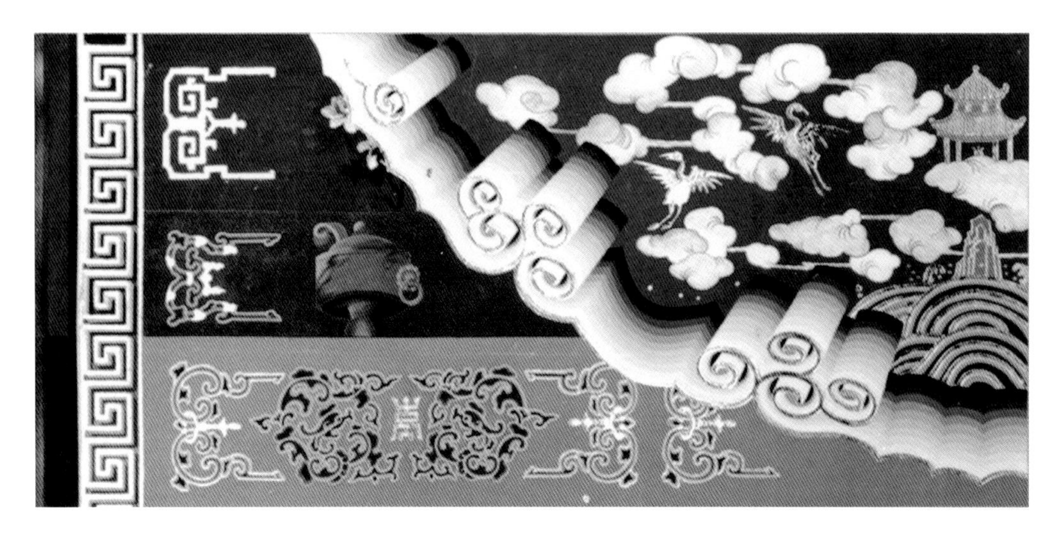

图 4-2-6b　北京北海公园快雪堂浴澜轩配房包袱彩画式样

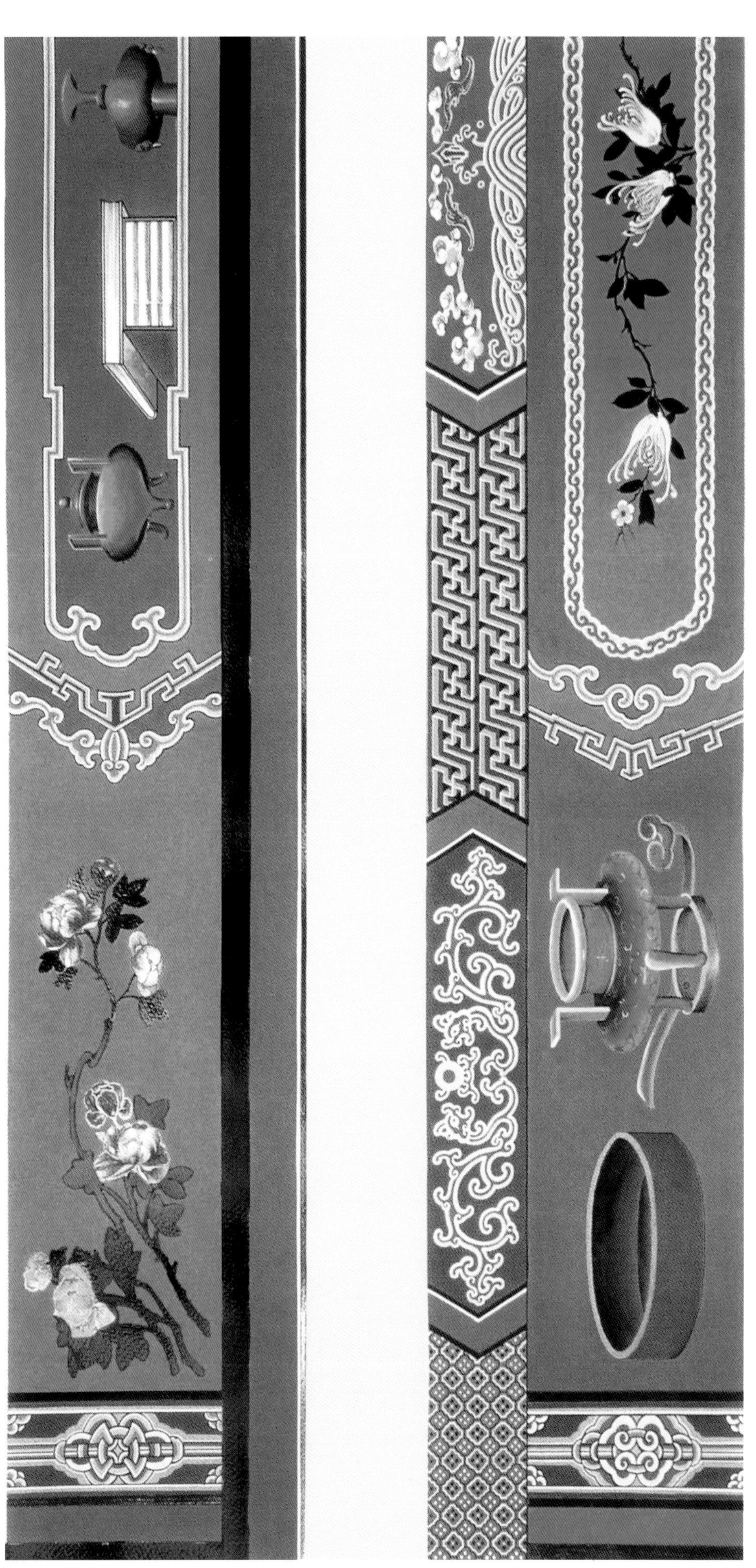

图 4-2-6c　北京北海公园快雪堂前院东配房彩画式样

图 4-2-7a 包一键绘制的北京柏林寺行宫院正房彩画式样（罗德阳赠）

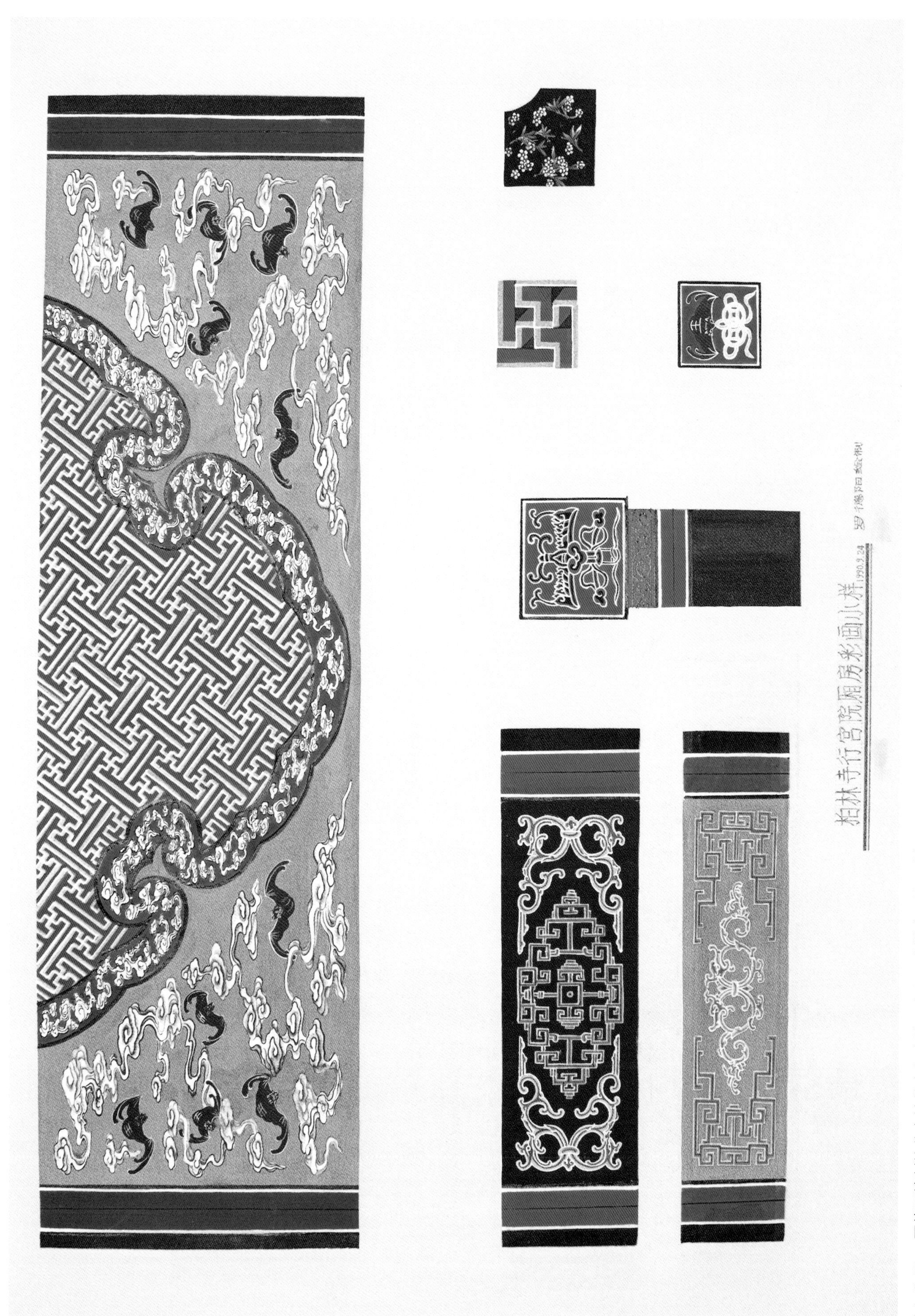

图 4-2-7b 罗德阳绘制的北京柏林寺行宫院厢房彩画式样（罗德阳赠）

图 4-2-7c 张京春绘制的北京柏林寺行宫院垂花门彩画式样（罗德阳赠）

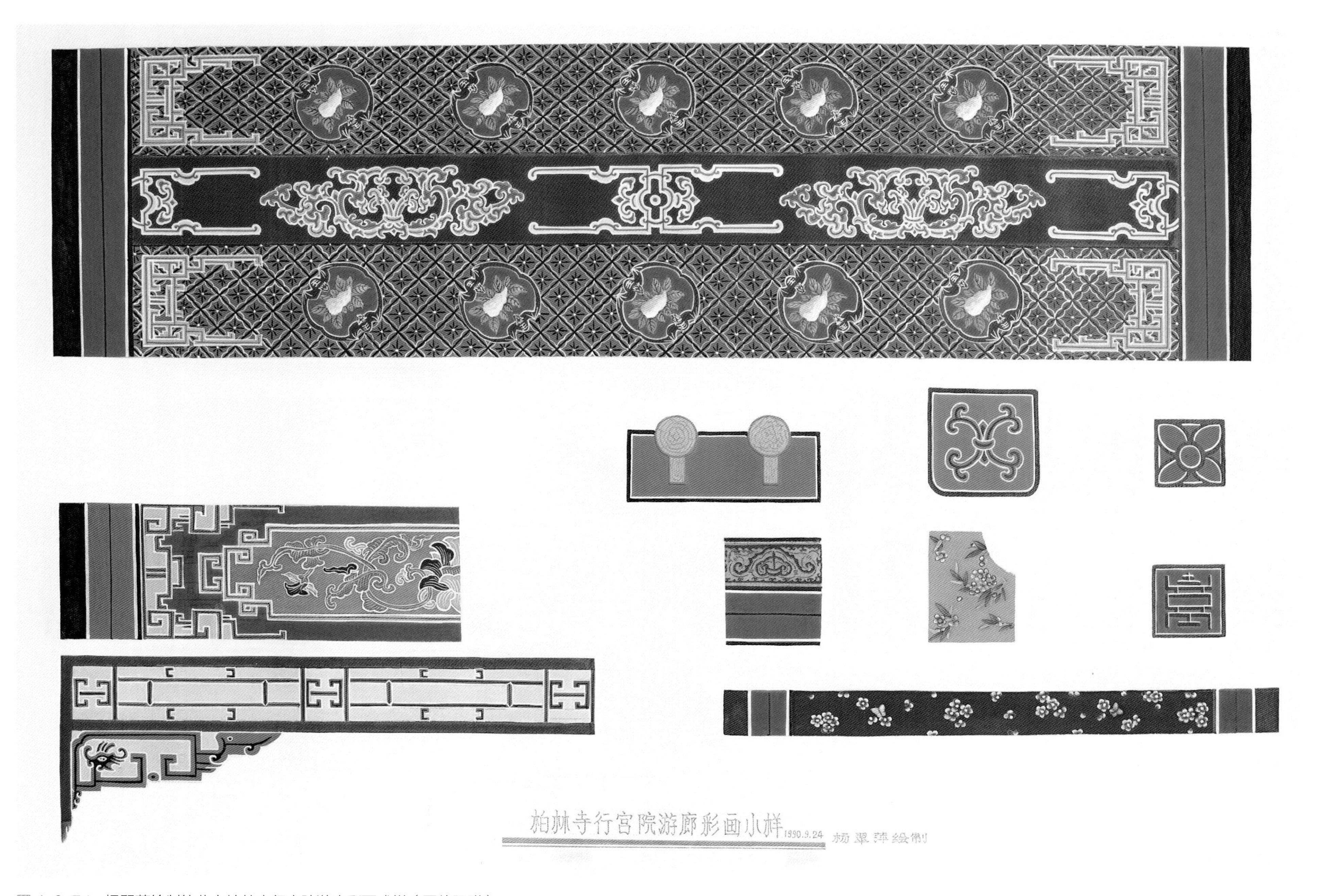

图 4-2-7d 杨翠萍绘制的北京柏林寺行宫院游廊彩画式样（罗德阳赠）

图 4-2-8a 李海先清除北京朝阳门外东岳庙伏魔殿漆皮

图 4-2-8b 清除漆皮的北京朝阳门外东岳庙伏魔殿明间彩画

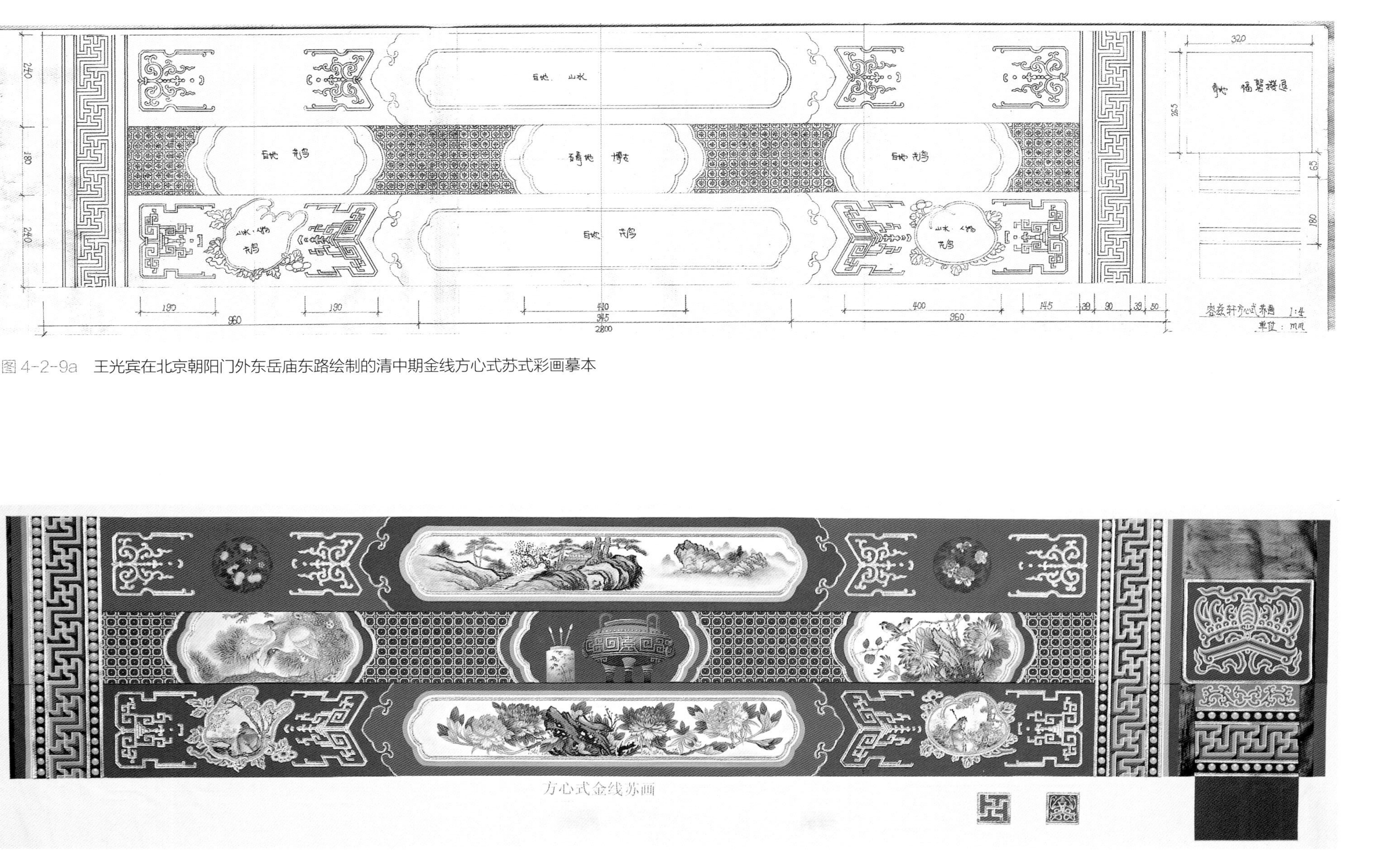

图4-2-9a 王光宾在北京朝阳门外东岳庙东路绘制的清中期金线方心式苏式彩画摹本

图4-2-9b 王光宾在北京朝阳门外东岳庙东路绘制的清中期金线方心式苏式彩画式样

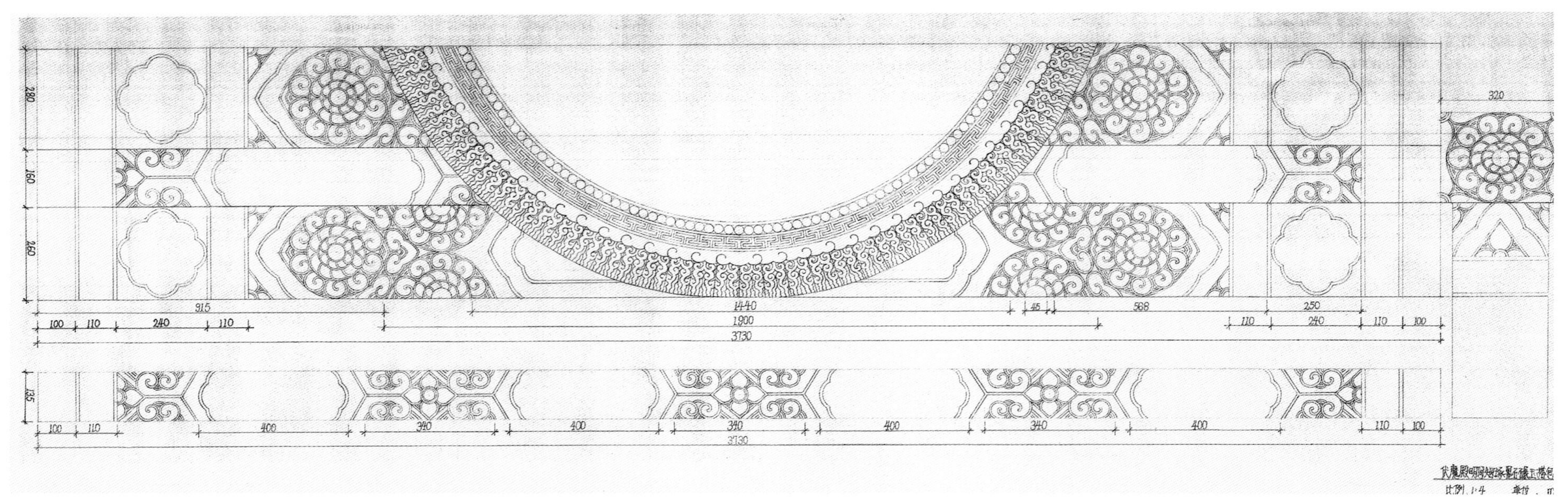

图 4-2-10a 王光宾在北京朝阳门外东岳庙东路伏魔殿绘制的金线大点金搭袱子旋子彩画摹本

图 4-2-10b 王光宾在北京朝阳门外东岳庙东路伏魔殿绘制的金线大点金搭袱子旋子彩画白描式样

图 4-2-10c　王光宾绘制的北京朝阳门外东岳庙东路伏魔殿金线大点金搭袱子旋子彩画式样

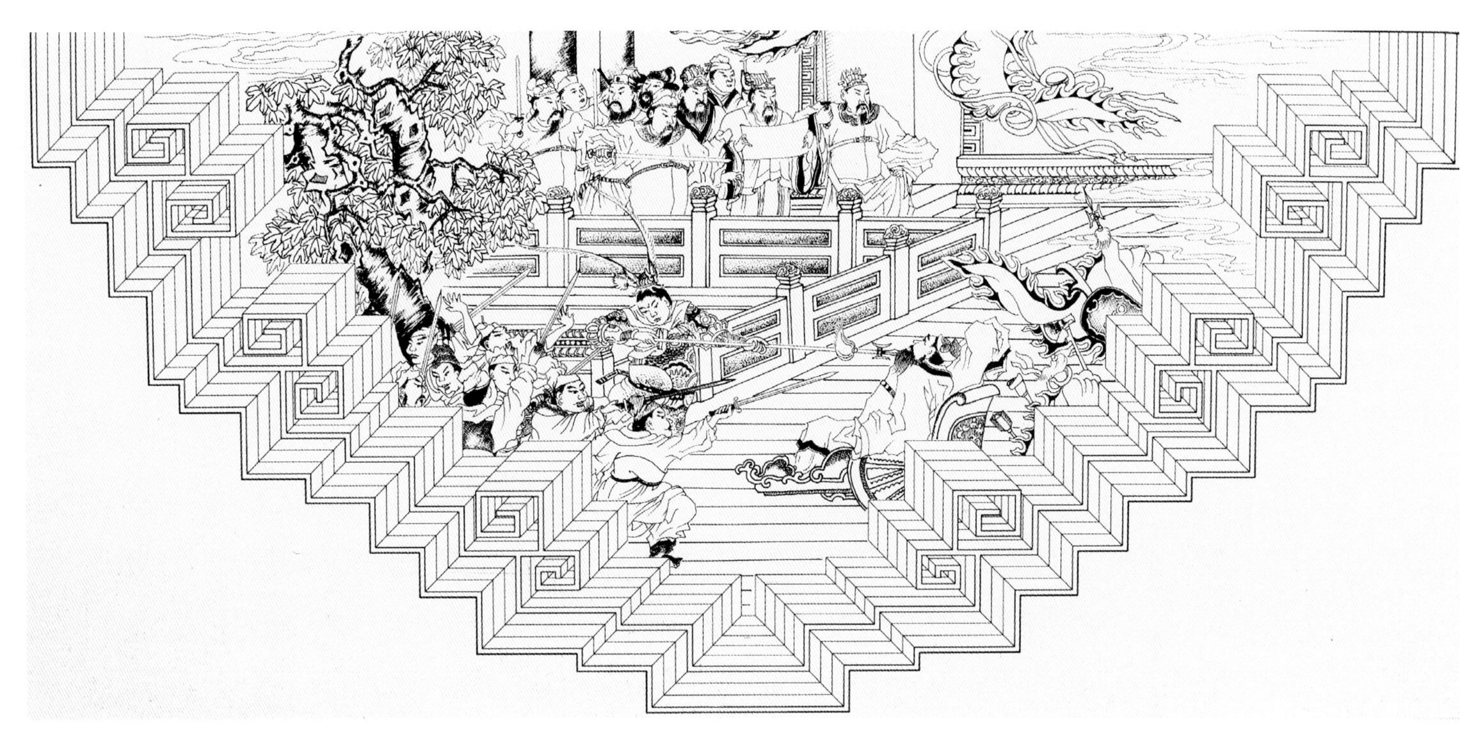

图 4-3-1a 颐和园鱼藻轩“吕布刺董卓”包袱人物摹本（选自高大伟《颐和园建筑彩画艺术》）

图 4-3-1b 李作宾在颐和园鱼藻轩绘制的“吕布刺董卓”包袱人物

图 4-3-2a 颐和园玉澜堂“玉兰鹦鹉”廊心花鸟摹本（选自高大伟《颐和园建筑彩画艺术》）

图 4-3-2b 颐和园玉澜堂“玉兰鹦鹉”廊心花鸟

图 4-3-3a　李作宾在颐和园长廊留佳亭绘制的“桃花源记”迎风板人物

图 4-3-3b　王光宾绘制的颐和园长廊留佳亭“桃花源记”迎风板人物摹本

图 4-3-4a　李作宾在颐和园长廊留佳亭绘制的“大闹天宫”迎风板人物

图 4-3-4b　王光宾绘制的颐和园长廊留佳亭“大闹天宫”迎风板人物摹本

图 4-3-5a 孔令旺在颐和园长廊寄澜亭绘制的“夜战马超”迎风板人物

图 4-3-5b 王光宾绘制的颐和园长廊寄澜亭“夜战马超”迎风板人物摹本

图 4-3-6a　孔令旺在颐和园长廊寄澜亭绘制的“八大锤”迎风板人物

图 4-3-6b　王光宾绘制的颐和园长廊寄澜亭“八大锤”迎风板人物摹本

图 4-3-7a　孔令旺在颐和园长廊秋水亭绘制的“枪挑小梁王”迎风板人物

图 4-3-7b　王光宾绘制的颐和园长廊秋水亭“枪挑小梁王”迎风板人物摹本

图 4-3-8a　孔令旺在颐和园长廊秋水亭绘制的“竹林七贤”迎风板人物

图 4-3-8b　王光宾绘制的颐和园长廊秋水亭“竹林七贤”迎风板人物摹本

图 4-3-9a　李作宾在颐和园长廊清遥亭绘制的“长坂坡”迎风板人物

图 4-3-9b　王光宾绘制的颐和园长廊清遥亭绘制的“长坂坡”迎风板人物摹本

图 4-3-10a　李作宾在颐和园长廊清遥亭绘制的“三英战吕布”迎风板人物

图 4-3-10b　王光宾绘制的颐和园长廊清遥亭“三英战吕布”迎风板人物摹本

图 4-3-11a　北京嵩祝寺宝座殿金柱外檐雍正年间彩画

图 4-3-11b　北京嵩祝寺宝座殿后檐抱头梁雍正年间彩画

图 4-3-12a　北京嵩祝寺宝座殿雍正年间彩画谱子（李燕肇弟子江永良绘制）

图 4-3-12b　北京嵩祝寺宝座殿雍正年间彩画式样（李燕肇弟子江永良绘制）

图 4-3-13a　北京嵩祝寺宝座殿金檩香色地儿找头吉祥草纹饰彩画

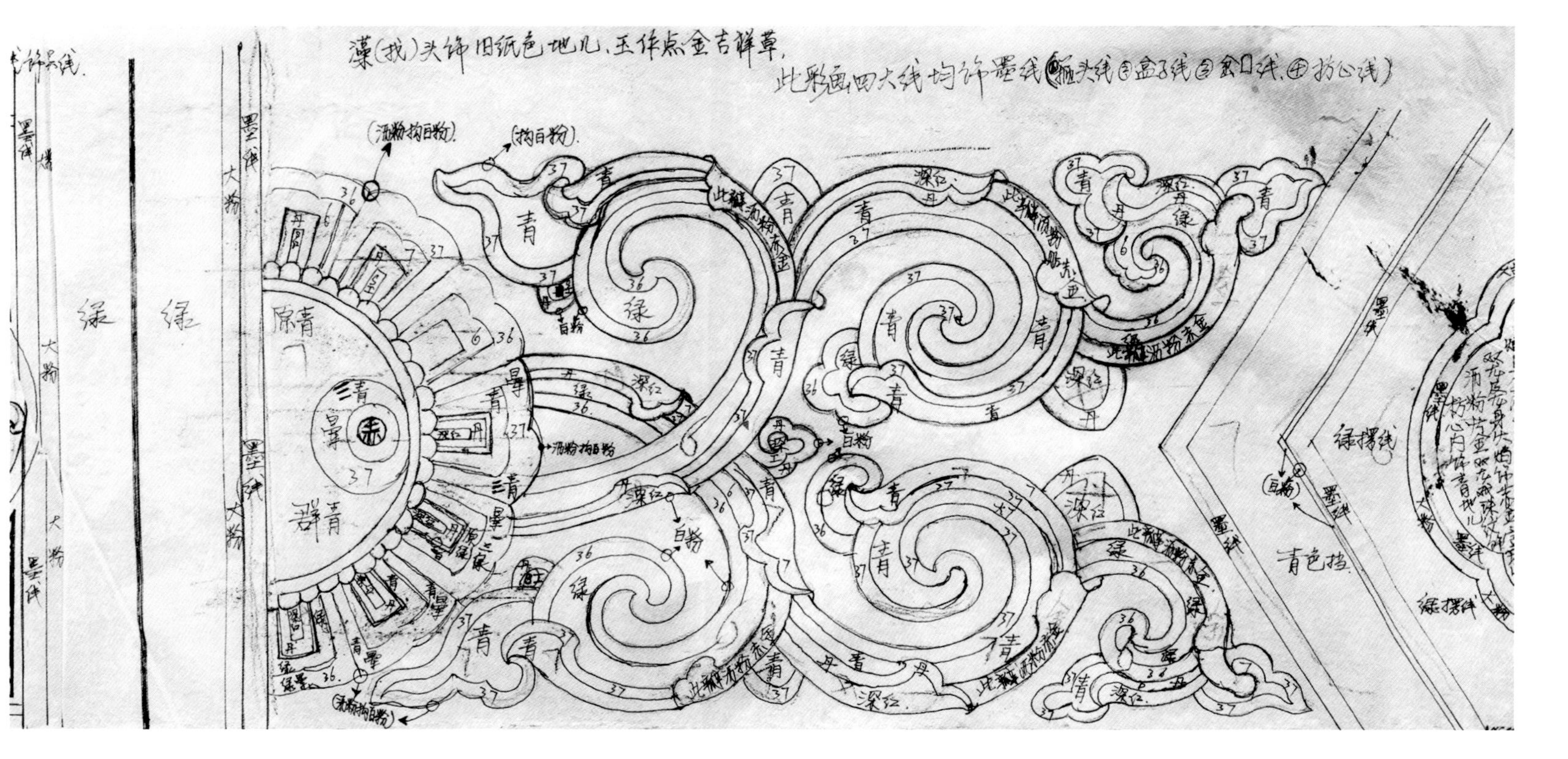

图 4-3-13b　北京嵩祝寺宝座殿金檩香色地儿找头吉祥草纹饰局部拓样（李燕肇弟子江永良摹拓）

图 4-3-13c　北京嵩祝寺宝座殿金檩香色地儿找头吉祥草纹饰局部谱子（李燕肇弟子江永良绘制）

图 4-3-13d　北京嵩祝寺宝座殿金檩香色地儿找头吉祥草纹饰局部式样（李燕肇弟子江永良绘制）

第五章
中国建筑彩画粉本

中国建筑彩画粉本极为丰富，有谱子、画稿、画谱、式样、小样、插图古典名著、连环画（小人书）、现状彩画、历史照片、名人绘画、年画等。

第一节
课徒画稿与自习画谱

旧时绘画技艺的传承多是子继父业或徒学师授，课徒画稿或师传画稿成为研习的主要教材，是技艺传承中不可缺少的一个重要内容。随着时代发展，近现代的“课徒画稿”与“自习画稿”随着印刷术的发展而不断问世，这一系列的书籍和刊物为研习绘画扩大了广泛的学习空间。

一、最早的课徒画稿

最早的课徒画稿当为《芥子园画传》。

“芥子园”是清初名士李渔在南京宅园的园名。他的女婿沈心友家中藏有明代山水画画家李长蘅课徒山水画稿 43 幅，遂请画家王概整理增编 90 幅，并附临摹古人各式山水画 40 幅，计 173 幅。李渔为此书作序，篇首编有《青在堂画学浅说》，在李渔的资助下，《芥子园画传》初集于康熙十八年（公元 1679 年）用五色套版多色叠印技术印刷成书，以“芥子园甥馆”名义出版发行，成为初学者的研习楷范。《芥子园画传》初集是以明代山水画家李长蘅的课徒画稿43幅为基础增编而成的，故称其为现存最早的课徒画稿。

《芥子园画传》初集受到极大欢迎，接着沈心友请杭州知名画家诸曦庵编画“竹兰谱”，王蕴庵编画“梅菊和花鸟鱼虫谱”，再请王概及其兄王蓍、其弟王臬共同编绘了“梅兰竹菊谱”与“草虫花鸟谱”，历经十几年的努力，于康熙四十四年（公元 1705 年）出版了《芥子园画传》二集和三集。

《芥子园画传》，又称《芥子园画谱》，集明清两代中国画名家的杰作和智慧，历经 200 多年的增补和完善，成为公认的读画学画的百科全书，既是研习范本又是收藏佳品。这部经典著作比较系统地介绍了中国画的基本技法。在《青在堂画学浅说》中，一开始就介绍了南齐著名画家谢赫的“六法”，接着，又讲述了“六要六长”“三病”“十二忌”“三品”以及绘画颜料等，这是比较系统的绘画和品画的标准。

《芥子园画传》第四集成书于嘉庆二十三年（公元 1818 年），分仙佛图、美人图、贤俊图、版画人物，是以丁皋《写真秘诀》结合上官周《晚笑堂画传》编纂而成的，收集了明清两代名家杰作 324 幅。其实《芥子园画传》第四集与前三集是毫无关系的，刊行时已距画传合集的刊行时间相隔了 100 多年，托“芥子园”之名，除提升第四集的知名度外，也算是补充了前三集无人物画的不足。

《芥子园画传》初集、二集、三集问世后，一再翻版，逐渐漫漶。《芥子园画传》至清光绪年间需求量增大，原版因磨损不能再印。这时，画家巢勋便临摹了前三集。同时重新编绘了《芥子园画传》第四集，保留了丁鹤洲《写真秘诀》，抄录了《佩文斋画谱》，他临摹了古人稿本，还增加了上海知名画家的绘画作品，汇总编辑而成，由上海有正书局以石印技法影印出版，世称“巢勋临本”。

这套《芥子园画传》比“康熙版”的内容要丰富很多，较系统地介绍了中国画的基本技法，加上先进的石印技术，图文并茂、内容丰富、浅显易懂，便于初学者临摹研习，此书得到更广泛的流传。我们所见到的多为“巢勋临本”。

《芥子园画传》不但是绘画研习的经典，也是彩画绘画必不可少的自习宝典，同时也是绘画粉本。

板印或石印早期的线装版本《芥子园画传》价格都很昂贵，经济条件允许时可以收藏，作为研习或工具书使用者宜采用铅印版本。

1. 三集合订本

首选中华民国 25 年（公元 1936 年）4 月版本，国学整理社出版、世界书局印刷发行的足本《芥子园画谱全集》。三册铅印合订本，尺寸：长 19.2cm，宽 13.5cm，厚 4.4cm。次选：1982 年 9 月上海书店影印的《芥子园画谱》，尺寸：长 18.5cm，宽 13cm，厚 2.5cm。两种合订本较其他版本印刷精细，使用方便是其主要特点。

2. 四集分册全套版本

1993 年 10 月人民美术出版社“巢勋临本”《芥子园画传》，尺寸：长 34cm，宽 17cm，四本厚 6cm。 1990 年 8 月天津市古籍书店《芥子园画谱》，尺寸：长 26cm，宽 18.6cm，四册总厚 7.5cm。两个版本都是经济实用的版本，第四册人物集的题材有所不同。天津市古籍书店《芥子园画谱》版本选用清光绪戊子（公元 1888 年）鸿文书局刻本影印的“巢勋本”，人物数量少且题材不同。不管是作为研习的范本，还是作为工具书使用，两个版本都有为好。

二、最早的自习画谱

最早的自习画谱是马骀编著的《自习画谱大全》。著名画家黄宾虹为该书作序，并称赞：“马君企周，画宗南北，艺擅文词，众善兼该，各各精妙。”康有为题词“凤毛麟角”。

马骀(1886—1937 年)，字企周，又字子骧，别号环中子，又号邛池渔父。四川西昌人。回族。清末民初著名画家、美术理论家和教育家。寓居上海，曾任上海美专教授。于画无不能，尤工北派山水。著有《马骀画问》《马骀画宝》等。

马骀先生为习画者所作的教范画谱，初名《马骀自习画谱》，为石印本，一函24册。1928年世界书局重印时更名《马骀画宝》，1936、1937年，世界书局连续出版此书，名改为《马骀画谱》。此书流传极广，且其后尚有多次影印再版，如1982年上海古籍书店版本、1991年中国书店版本等。

1936年世界书局又重制了铅印平装的《马骀画谱》的合订版本，分为上、下两册，尺寸：长19cm、宽13.5cm，两本合厚8.5cm，是使用与收藏兼备的经济型版本。

《马骀画宝》也是重要的彩画粉本。直接以此为粉本绘画的虽然不多，但参考或借其立意进行再创作的不少。孔令旺画师曾以《马骀画宝》为粉本于颐和园谐趣园引镜上绘画了“伯牙抚琴”包袱人物。

三、课徒画稿与自习画谱的发展

中国传统绘画的教育以临摹和画论并重，这是师徒传承的重要内容。因此课徒画稿和画谱成为学习绘画技法的捷径。课徒画稿可以说是画谱的前身，是伴随着中国绘画师承关系而产生的，是老师授徒的示范稿本。

粉本在唐、宋广泛流传于画家师徒之间，逐渐成为画工、塑匠们赖以谋生的“秘宝”，世代相传，很少外流，即使是同行之间，也因门户之见，互不相泄，其粉本世人难得一见。

旧时，彩画作的传承都是以师傅带徒弟的方式延续彩画技艺的，绘画理论由师傅口传心授。绘画技艺都是由师傅绘画出范本，徒弟参照范本进行拓拓临摹的研习。师傅为徒弟绘画用于研习的画稿被称为“课徒画稿”。这些课徒画稿都是一对一的，仅限于师徒之间，最多在同一师傅的门下之间传播，有较大的局限性。

粉本是传统绘画的底本和基础，是步入艺术殿堂的桥梁。古人以粉本为“传移摹写”的对象，传统“子得之父，弟得之师”的艺术教育模式，培养、诞生了历代的画家名师。最常用的传统练习方法是：教师首先选择或自绘好专为其弟子习画临摹的“粉本”，让其临摹，弟子从临摹中学习绘画的语言形式和前人的技法技巧。明清以来最为著名的课徒画稿是《芥子园画传》，它以“白画”的形式，总结了绘画的程式和规律，为后世的习画者提供了行之有效的途径和方法。

随着印刷业的发展，画家们的“课徒画稿”陆续印刷发行，如《张子祥课徒画稿》《陆俨少课徒山水画稿》《顾坤伯山水课徒画稿》等。20世纪20年代，自马骀《自习画谱大全》问世后，又开始了“自习画稿”类刊物出版发行，蔚然成风。其中以马骀《自习画谱大全》编纂的自习画稿就有多种版本，如1956年荣宝斋出版、香港文光书局发行《马骀画宝》（又名《分类画范》，全二十四册），1982年荣宝斋又编辑出版《分类画范·自习画谱大全》5册。

1956年荣宝斋出版、香港文光书局发行的《马骀画宝》是按祖版马骀《自习画谱大全》翻印的，同为24本，但很难寻觅，笔者只收集了11本。1982年由荣宝斋编辑出版的《分类画范·自习画谱大全》上有说明：“初版时共分二十四册。现在为了学习绘画和欣赏方便与翻阅，改为花果鱼虫、花鸟走兽、山水树石、人物故事一、二共五册，陆续出版。”是一部廉价实用的画谱，也是很好的绘画参照粉本。

第二节

画稿（画谱）粉本

画稿是绘画的稿本。元·夏文彦《图绘宝鉴·粉本》：“古人画稿谓之粉本，前辈多宝蓄之，盖其草草不经意处有自然之妙。”画稿粉本包括自习画稿和名人画稿粉本等。

一、自习画稿粉本

从古至今，画家们都有各自的画稿粉本。彩画画师亦然，园林古建公司的画师们都有各自的画稿。

画谱是鉴别图画或评论绘画技法的书。北宋宣和年有《宣和画谱》，是书原为宋徽宗内廷所藏的历代名画著录，是“画谱”之名的由来。《宣和画谱》载：“今叙画谱凡十门……凡人之次第则不以品格分，特以世代为后先，庶几披卷者因门而得画，因画而得人，因人而论世，知夫画谱之所传非私淑诸人也。”著录品评名画或汇集名家画法的书，书名多名以画稿、画谱、画传、画宝等词汇作为书名尾。

自制的画稿是最传统的，也是最古老的画稿。在古代印刷术不发达的时候，画家、画师们只有自制画稿来满足使用需要，其做法有三：一是自己设计画稿，如唐·吴道子《八十七神仙图卷》；二是写生素材和临摹古人绘画整理制成自用画稿，如董其昌《集古树石图》；三是描拓前人绘画作品。

摹拓前人绘画作品的做法，适应于低收入的而从事绘画的人群，过去很多画工买不起印刷粉本，只有借来粉本进行摹拓后备用。笔者收集的一本描拓稿本，将全部《古今名人画稿》三册进行摹拓装册，留作粉本使用，这就是过去穷人没办法的办法。

1.《芥子园画谱》粉本

《芥子园画谱》既是很好的自习画稿，也是不错的彩画绘画粉本。有以《芥子园画谱》三集为粉本的花鸟题材，也有以《芥子园画谱》四集人物为粉本的人物绘画。

（1）浮羽拂波：1957年，冯珍画师以《芥子园画谱》三集为粉本于宜芸馆游廊绘画了“浮羽拂波”花鸟聚锦和花鸟方心（图5-2-1a、图5-2-1b）。

（2）高鸣常向月：1961年，孔令旺“反串”花鸟作品，是一只仙鹤在松树上起舞的画面，俗称“松鹤延年”，是以《芥子园画谱》三集王冶梅绘画的仙鹤为粉本绘画的。粉本上题有秦松龄的“高鸣常向月，善舞不迎人”之句，意思是仙鹤的形态幽雅，高高向天鸣叫，擅长舞蹈却不喜欢迎合别人。孔令旺依据粉本绘画，并增画了月亮，以突出“高鸣常向月”的意境（图5-2-2a、图5-2-2b）。

（3）婴戏图：即描绘儿童嬉戏时的画作，是中国人物画的一个类别。婴戏绘画由来已久，至唐代绘画技巧日趋成熟，宋代更是婴戏图绘画的黄金时期。从古至今婴戏图人物绘画经久不衰，是绘画、彩画、年画、陶瓷、雕刻等艺术门类都重视的一个画种，成为极受欢迎的题材。这里收录的“捉迷藏”是陆弘画师以《芥子园画谱》四集婴戏图为粉本绘画的（图5-2-3a、图5-2-3b）。

2.《三希堂画宝》粉本

《三希堂画宝》，又名《三希堂画宝大观》。叶九如主编，成书于1924年。其编排顺序为山水、人物、竹、菊、仕女、翎毛花卉、梅花、兰花、草虫花卉、石谱大观等谱式。每谱之前有各名家序言和画种的浅说。卷前还附有著名书画家曾农髯、吴昌硕等人的题词。全书选图2180余幅，启授画法1090余条式，画谱多选自清末、民初时期上海画家的作品，少数也有明代陈老莲，清人金冬心的作品。其中，选录丁鹤洲《写真秘诀》人物和《芥子园画谱》山水、树木、楼阁、花鸟、兰竹等各图例。还集中编有仕女、人物专辑，成为一部综合性的画谱。

1982年3月，北京市中国书店出版的《三希堂画宝》，是以初版《三希堂画宝大观》影印的，一套6册，尺寸：长18.3cm，宽13.2cm，6册总高12cm。将各家画稿画谱之精华收录在内，是一部很好的研习画谱和彩画绘画研究的工具书。

《三希堂画宝》第二卷和第三卷，收录的历史名家人物绘画，是园林古建公司人物绘画的重要粉本。仅颐和园长廊以此为粉本的人物绘画就有20余幅，其中以李作宾人物绘画为主，还有孔令旺，以及几位青年画师及天津画师的粉本。最典型的彩画绘画有“皆大欢喜”“风尘三侠”“烟波钓徒”“画龙点睛”“三酸”“独掌朝纲”“韩康卖药”“蓝桥仙窟”“举案齐眉”“张敞画眉”“东山丝竹”“弄璋叶吉”“踏雪寻梅”“湘云醉卧”等。

（1）画龙点睛：亦称“点睛破壁”，为成语故事题材。长廊上的“画龙点睛”包袱人物是老画师杨继民以《三希堂画宝》“点睛破壁”为粉本绘画的（图5-2-4a、图5-2-4b）。

（2）独掌朝纲：李作宾以《三希堂画宝》“独掌朝纲”粉本在宜芸馆画了2幅包袱人物。一幅在宜芸馆西次间檐步南外檐最明显的位置上，是完全按照粉本绘画的；另一幅在游廊上，人物仅有轮廓线，按饶宗颐《敦煌白画》所言，属于简笔绘画。李作宾的这幅“独掌朝纲”可谓简笔包袱人物，是彩画人物绘画上的一种尝试（图5-2-5a、图5-2-5b、图5-2-5c）。

二、名人画稿粉本

光绪年间，石印技术的引进，促进了画稿、画谱粉本的普及和推广。冠以“名人画稿”的书册层出不穷，均为知名画家的作品集萃而成的白描画稿，所选作品简明平实，便于学画者研习临摹，成为画工使用最广泛最普遍的研习范本和彩画绘画粉本。

1.《古今名人画稿》粉本

《古今名人画稿》始刊于清光绪十四年（公元1888年）。书中收录宋、元、明、清各个时代名人的山水、人物、花鸟、走兽、兰竹等作品。全书由初集、二集、三集组成。民国年间再版时，还有分卷分册的石印版本。

《古今名人画稿》版本极多，有书名后加“全集”的，也有书名前加“增图”的，自光绪至民国年间就有多种版本，新中国成立后还有影印的版本等。各个版本选录的作品也不尽相同，增减较大。《古今名人画稿》是园林古建公司画师的重要粉本，笔者收藏的较为齐全。光绪年间版本有光绪十六年（公元1890年）、光绪二十一年（1895年）、光绪三十四年（1908年）等版本，民国年间版本最早的是民国3年（公元1914年）版本及民国连环画册形式版本；新中国成立后有1984年、1987年、1994年等版本。此外，还有台湾和香港版本。

各个版本收录的题材和画面不一，就光绪年间版本而言，笔者认为“光绪戊申上海育文书局石印”版本较好，一函三集六册，内容较全，印刷精美，最为实用。其中还增收了画家王素“耕织图”绘画题材22幅。

《古今名人画稿》版面为横幅，比连环画略大，使用和携带都很方便，是画师们最喜爱的粉本之一。颐和园以《古今名人画稿》为粉本的绘画作品非常多，有老一辈画师作品也有年轻一代画师的作品，如孔令旺湖山真意“钟馗驱鬼”聚锦人物和谐趣园“淝水之战”包袱人物等。一些绘画粉本亦被《三希堂画谱大观》收录，如王素的“淝水之战”，《古今名人画稿》和《三希堂画谱大观》都有收录。《三希堂画谱大观》上的绘画，大都置于两个页面，破坏了作品的整体性，作为应用粉本极为不便，这也是画师多以《古今名人画稿》为粉本的主要原因之一。

王素的“淝水之战”画面上是两位长者对弈，旁边站立一位传令兵，画面题款：“晋，苻坚入寇，京师震恐。加谢安征讨大都督。安夷然无惧色，遂命驾出别墅，指授将帅，各当其任。对客围棋时，捷书至，了无喜色，客问之，曰：‘儿辈已破贼矣。’既还内，过户限，心喜甚，不觉屐齿之折。其矫情如此。”

这一故事的情节是：“淝水大战的胜利捷报，飞快地传到了建康。这天宰相谢安正在家里和朋友下棋。他看完了谢石送来的战报，知道秦军已被打败，随手把它放在床上，照旧下棋，好像根本没有发生什么事一样。那个朋友忍耐不住，问谢安：‘战场上的情况怎样了？’谢安这才从容回答说：‘没什么，孩子们已经把苻坚打败了。’那个朋友听了，把棋盘一推，连忙跑出去向同僚们报告喜讯去了。过一会儿，谢安起身回到内宅去，这时候他再已抑制不住内心的狂喜心情，当他跨过门槛的时候，竟把脚上穿的木屐的齿碰断了，可他自己还不知道。”（天津教育出版社“中国文化史知识丛书”《中国古代著名战役》）

孔令旺以王小梅“淝水之战”绘画为粉本于颐和园宜芸馆和谐趣园分别绘画了这一题材的聚锦和包袱人物（图 5-2-6a、图 5-2-6b）。

“耄耋图”，“耄”和“耋”，是对老年人的特称，八九十岁为“耄”，七八十岁为“耋”，“耄耋”泛指老年。中国人崇尚长寿，又有着尊重老人的优良传统，因此在中国绘画中有很大一部分是为祝寿而作。猫与“耄”，蝶与“耋”谐音寓意着以谐音取“耄耋”之寿的美好含义，在中国绘画中“耄耋图”是一个永恒的主题，是历代画家喜爱的题材。苏式彩画中这一题材较为普遍，如玉澜堂有以《古今名人画稿》为粉本绘画的“耄耋图”包袱翎毛（图 5-2-7a、图 5-2-7b）。

2.《海上名人画稿》粉本

“海上名人”“海上名家”题名的画稿也非常多，有《海上名家画稿》《海上名人画稿》《海上二大名家画谱》《海上十大名人画稿》《海上二十名家画稿》等等，其实都是在《海上名家画稿》的基础上增减而成的。《海上名家画稿》早期的版本是“武林梦槐藏本，上海同文书局石印”本，发行时间为光绪十一年（公元 1885 年）。开本尺寸：长 27.6cm、18cm，无函自然厚度 1.2cm。一函两册，上册以花鸟人物为主，下册以花卉山水为主，上下册还间以山石、翎毛、草虫。笔者收藏的是棉纸石印夹心纸的版本，外函品相不佳，但内页十分精美。

颐和园以“名人画稿”类为粉本的绘画不少。其中，长廊人物绘画以此为粉本的绘画有：张京春的“同看藕花”（图 5-2-8a、图 5-2-8b）、“广陵花瑞”包袱人物；李作宾的“莲炬归院”“灯下课子”“江东二乔”“东坡先生夜游承天寺”包袱人物和“桃源问津”迎风板人物等。

3.《近代名画大观》粉本

李作宾在颐和园长廊、谐趣园留下的几十幅作品都是以《近代名画大观》一书为粉本绘画的，如 1979 年李作宾长廊 “子猷爱竹”包袱人物（图 5-2-9a、图 5-2-9b）。《近代名画大观》也是孔令旺等画师的粉本，如孔令旺宜芸馆“赤壁夜游”包袱人物。此外，也是花鸟翎毛题材的粉本，如杨继民长廊“鹦鹉”包袱花鸟（图 5-2-10a、图 5-2-10b）等。

第三节

古典名著粉本

随着印刷术的发展，清光绪年间出现了“石版画”。石版画从德国人逊纳菲尔德发明的石印术基础上发展而来。作者先用含有油质的药墨在石板上作画，然后在版面上涂一层酸性的阿拉伯树胶，这样版面上画有药墨的部分只接受油墨而拒水，没有画过的部分，接受水而拒油墨，根据油与水不相容的原理构成印刷版版面，可复制多张，能完全保持原画的神韵。这种印刷称为“石板印刷”，简称“石印”，为平板印刷术之一。光绪年间出版的大量石印画，后来都成为苏式彩画中的粉本。

“绣像”，即绣成的佛像或人像。明清以来，通俗小说前面附有书中人物，用线条勾勒，描写精细，被称为“绣像”。书中有故事情节的绘画称之为“全图”。绣像和全图统称插图。这些插图也是古典名著粉本的一种。如李福昌山色湖光共一楼“姜子牙梦游”包袱人物是以《绣像封神演义》第四十四回“子牙魂游昆仑山”全图为粉本绘画的（图 5-3-1a、图 5-3-1b）。

一、《三国演义》粉本

石板印刷术的出现，使插图类《三国演义》版本如雨后春笋，数不胜数。

光绪年版本有：《图像三国志演义》，“光绪庚寅冬月广百宋斋校印”和“光绪乙未年上海文瑞楼校印”等石印版本；《增像全图三国演义》，光绪三年（公元 1877 年）石印版本；《绘图三国志鼓词》，“光绪乙巳孟秋上海书局石印”及“上海锦章书局”等石印版本；《三国志演义全图》，“清光绪九年初版·巨厚连环画”，一经问世反复再版加印；宣统年间有宣统元年（公元 1909 年）上海章福记石印的《增像全图三国演义》。民国年间，《三国演义》人物故事题材，可以说年年有出版再版的石印版本，都是在光绪年间版本基础上出版发行的，为区别以往版本，在“三国演义”或“三国志演义”的前面加上“绣像”“全图”“绘图”“绣像全图”“增像全图”“精校全图”“足本绘图”“大字古本”等等。在众多的版本中，良莠不齐。现选取最经典和最实用的《三国演义》人物绘画粉本进行介绍。

1. 祖版《图像三国志演义》

“光绪庚寅冬月广百宋斋校印”出版发行。光绪庚寅即光绪六年（公元 1880 年），竹纸石印线装，全套 12 册。“广百宋斋”以绘图精绝著称，为清晚期绘图小说之翘楚，开本尺寸：长 20cm，宽 12.8cm，自然状态下整书厚达 7.8cm。“图像”，顾名思义以绘图为最，每回插图 2 幅，计 240 幅，余为绣像，整部书共有人物及章回插图达到 324 幅，绘图数量众多，极为难得，从《图像三国志演义》可窥见当时广百宋斋绘图最高水平。此部善本小说无论是从艺术性、历史性、考古性，还是研究当时的绘图水平，都有极重要的价值，是一部相当难得的清代“回回书”（小说每一回两插图），更是最值得收藏的粉本。

颐和园彩画以《图像三国志演义》为粉本绘画的包袱人物最多，精品济济，洋洋大观，遍布全园。如孔令旺临河殿“孟德献刀”（图 5-3-2a、图 5-3-2b）、湖山真意“董太师大闹凤仪亭”、谐趣园“走马荐诸葛”、眺远斋“舌战群儒”，李作宾宿云檐南值房（现新华书店）“割须弃袍”（图 5-3-3a、图 5-3-3b）；穆登科鱼藻轩“智取瓦口隘”（图 5-3-4a、图 5-3-4b），李作宾宜芸馆“孔明归天”等。

2. 朱芝轩《三国志演义图画》

光绪二十五年（公元 1899 年）由上海同文书局出版的《三国志演义图画》，书中刊载 100 个人物绣像和 240 个章回故事全图。绣像和全图由上海知名画家朱芝轩绘画。采用石印技术，印刷精美。此书受到读者欢迎，一印再印，发行量很大，流传颇广。而《三国志演义图画》是画家朱芝轩以祖版《图像三国志演义》为粉本重新绘制的，绣像人物由 84 位增加到 100 位，是一部难得的绘画粉本。

此书为海派画家所绘，故章回全图的建筑变化较大，多采用南方建筑形式，如第三回“馈金珠李肃说吕布”全图，敞厅窗扇改为月洞窗，故事发生地在北方，采用月洞式漏窗并不合宜；第三十四回“蔡夫人隔屏听密语”全图，《图像三国志演义》全图上的蔡夫人全身漏在屏风外面，而《三国志演义图画》全图上的蔡夫人藏在屏风后面，露出半个身子，是符合故事情节的（图 5-3-5a、图 5-3-5b、图 5-3-5c）。

3.《图像三国志》

2001 年 3 月由张福林主编、山西人民出版社出版的《图像三国志》，书的前面是 84 位《三国演义》人物绣像，一像一页。书的主体部分按《三国演义》小说章回题目情节绘画的白描全图，每回 2 幅，总计插图 324 幅。书前列《三国演义》章回目录，书后有编者的编后记，书中没有文字，开页尺寸大：长 33cm，宽 29.5cm，高 2.5cm。笔者将此书与祖版《图像三国志演义》按图一一进行了比对，断定《图像三国志》是以《图像三国志演义》为粉本影印的。是一部经济实用，印刷精美的《三国演义》人物绘画粉本。

4.《图说三国》

2007 年 8 月，上海科学技术文献出版社出版发行了《图说三国》一书。插图选自画家朱芝轩绘图、上海同文书局光绪二十五年（公元 1899 年）出版发行的《三国志演义图画》。这本将三国人物绣像列为第一部分，并为所绘每个三国人物作了简单介绍，将《三国演义》章回插图列为第二部分，并对章回插图的历史故事分别作了摘录。书中收录三国人物绣像 99 个（含阿斗）及每个人物简介，收录章回全图 240 幅及 120 回的故事情节简述。这是一部以图画形式帮助读者了解三国人物和《三国演义》故事梗概的图文书，亦可作为三国人物绘画的粉本。

此外，光绪九年（公元 1883 年）由著名画家吴友如绘图、上海筑野书屋出版发行的《三国演义全图》，亦是很好的粉本，但笔者尚未觅到。

本书所用三国人物绘画粉本均选自《图像三国志》及《图说三国》中的《三国志演义图画》。

二、《聊斋志异》粉本

1.《聊斋志异图咏》

笔者收藏的《聊斋志异图咏》，原红木夹板上的隶书“聊斋志异图咏”六字是“阴刻扫青”的。全套一夹 8 册，白纸线装，开本：长 19.9cm，宽 13cm，自然状态下厚 7.5cm（不含夹板）。内扉页书名为“丙戌孟夏朱荣棣题”。扉页背面“铁成广百宋斋藏本 上海同文书局石印”。《聊斋志异图咏》有 445 幅精美插图，品相极佳，无论外观还是内在，皆堪称精美，在明清白话小说插图中称得上是上乘之品。

《聊斋志异图咏》根据每篇故事中有代表性的情节、场面各绘图一幅，并题七绝一首，点明故事主题，在诸多聊斋版本中可谓别开生面。编印者广百宋斋主人称：“图画荟萃近时名手而成。每图俱就片中最扼要处着笔，嬉笑怒骂，确有神情，清光绪十二年（公元 1886 年），上海同文书局的铁城广百宋斋主人，不惜重金请当时的绘画名手，为《聊斋志异》进行了插图。聊斋原书计431篇，一般是一篇一个故事，也有一篇讲两个或三个故事，插图是一个故事一幅图，共有444幅图，加上第一幅'聊斋著书图'，实有插图445幅。"

光绪十二年（公元1886年）广百宋斋藏本固然好，但过于精美而让人舍不得使用。经济实用版本笔者推荐3个：一是1981年12月中国书店出版发行的《详注聊斋志异图咏》，分上、中、下三册，采用何种版本书中未作说明，但插图与光绪十二年广百宋斋藏本插图一致；二是2003年8月由旐（zhào）浡编、陕西人民出版社出版发行的《图像聊斋志异》，与张福林主编《图像三国志》完全一样，可惜少收了40幅经典插图，作为粉本或工具书的使用就有些欠缺了；三是上海古籍出版社出版的《聊斋志异图咏》小型本线装4册，有一函四册单独发行的，也有将《红楼梦图咏》2册、《水浒传人物故事》2册、《聊斋志异图咏》4册合于《书韵楼丛刊》，为一函8册的版本，是简便的粉本和工具书。

《聊斋志异图咏》是光绪年间苏式彩画人物绘画的重要粉本，也是颐和园苏式彩画绘画中的重要粉本。

（1）光绪年间聊斋人物绘画：万寿寺西路后罩楼有聊斋聚锦人物绘画6幅，其中5幅是以《聊斋志异图咏》为粉本绘画的，分别是"张贡士"（图5-3-6a、图5-3-6b）、"柳秀才"（图5-3-7a、图5-3-7b）、"红玉"、"荷花三娘子"（图5-3-8a、图5-3-8b）、"顾生"（图5-3-9a、图5-3-9b）。

（2）颐和园聊斋人物绘画精品：颐和园包袱聊斋人物绘画集中于谐趣园、宜芸馆、长廊等处，共有30余个聊斋题材人物绘画。主要是以《聊斋志异图咏》为粉本绘画的经典包袱人物。李作宾聊斋人物代表作是谐趣园饮绿轩上的"莲花公主"、鱼藻轩上的"宦娘"（图5-3-10a、图5-3-10b）、长廊上的"黄英"、北宫门东朝房上的"邢子仪"（图5-3-11a、图5-3-11b）等；孔令旺的代表作有谐趣园洗秋轩上的"云翠仙"、谐趣园游廊上的"水蟒草"、宜芸馆游廊上的"巩仙"、长廊上的"云萝公主"（图5-3-12a、5-3-12b）等；穆登科的代表作是玉澜堂上的"牛飞"、宜芸馆游廊上的"番僧"（图5-3-13a、图5-3-13b）和"沂水秀才"等；其他画师聊斋人物佳作有长廊上的"细柳""彭二挣"等。

颐和园聚锦聊斋人物绘画集中于德和园、贵寿无极、介寿堂等处。尤以李福昌德和园大戏台的抹角梁上的聊斋聚锦人物为最，是苏式彩画中最大的人物绘画聚锦。李福昌以《聊斋志异图咏》为粉本绘画的聚锦人物有"小翠"、"瑞英"（图5-3-14a、图5-3-14b）、"席方平"、"保住"（图5-3-15a、图5-3-15b）、"申氏"等。

颐和园廊心聊斋人物绘画于乐寿堂西配殿后檐的廊心上，全园仅此2幅，都是按《聊斋志异图咏》粉本绘画的。一幅是陆弘的"彭海秋"落墨廊心人物（图5-3-16a、图5-3-16b），另一幅是张京春的"花神"落墨廊心人物（图5-3-17a、图5-3-17b）。

以上列举的聊斋人物绘画，足以说明《聊斋志异图咏》是皇家园林建筑苏式彩画中人物绘画的重要粉本之一。

2.《聊斋图说》

"《聊斋图说》创作于清代晚期，由'红顶商人'徐润组织当时的一些名家高手所绘，呈送宫廷。约光绪二十六年（公元1900年），八国联军侵华，《聊斋图说》被沙俄帝国军队掠夺带走。直至1958年4月19日，原苏联对外文化联络委员会将其移交归还中国。1959年，图册经北京图书馆转交中国历史博物馆（中国国家博物馆前身）收藏。

"《聊斋图说》图册采用木板装帧，绢本设色，画面笔法细腻，色彩华丽，描写生动，体现了晚清仕女画的艺术风格。图册共计四十八册，今存四十六册（前两册遗失）。每册折叠式装裱，上下木夹板，封面、封底均裱以织锦。右上题签'聊斋图说'，其下小字楷书每册的次第编号。图册绘《聊斋志异》故事篇目420个，绘图725幅，每篇故事绘图页多少不等，少则1页，多至5页。半开绘图，半开文字，文字上半部分是编绘者题诗，下半部分写《聊斋志异》故事内容。大致分成'狐鬼花妖'、'人生百态'、'讽世良言'、'奇谈怪事'4个主题进行展示，画面的选择既考虑了小说的文学性，也兼顾了绘画的艺术性，可谓图文并茂，绘制精美，设色雅丽，堪称艺术珍品。"（中国古善文化出版社彩绘《聊斋图说》"内容介绍"）

2011年，中国社会科学出版社出版了硬精装"中国国家博物馆古代艺术系列丛书"《画梦：〈聊斋图说〉赏析》；2013年，中国社会科学出版社出版了豪华版《聊斋图说》，两册硬精装楠木盒包装版本，是昂贵的礼品书；2015年，中华古籍出版社出版了国博典藏精选《聊斋图说》全彩平装版本；2016年，中国古善文化出版社出版了彩绘《聊斋图说》4本，32开精装版本。

《聊斋图说》是以《聊斋志异图咏》为粉本绘画的，画面大同小异。《聊斋志异图咏》是1个故事1张图。《聊斋图说》是1个故事1~7个图不等，故事篇目420个，绘图达到725幅。《聊斋图说》作为粉本可省去"随类敷彩"的二次设计，作为工具书可以解读更多的聊斋人物绘画题材。北京万寿寺西路后罩楼一聊斋故事"侠女"聚锦人物，与《聊斋志异图咏》中的"侠女"插图完全不同，但和《聊斋图说》中的"侠女"绘图基本一致。没有《聊斋图说》这一粉本，万寿寺聊斋聚锦人物绘画是无法解读的（图5-3-18a、图5-3-18b）。

《聊斋图说》并没有在社会上流传，彩画匠不可能见到此书。万寿寺西路后罩楼上的聊斋人物很有可能是由参加《聊斋图说》绘画的画家绘制的。

三、《西游记》粉本

《新说西游记图像》祖版是光绪十四年（公元 1888 年）味潜斋石印版本。32 开本，一夹板 8 册。前面绣像有 20 幅，每回 1 幅插图。绘制极为精细，为西游记版本中之白眉。

1985 年 9 月中国书店以此书影印出版了《新说西游记图像》，分为上、中、下三册。2007 年 5 月山东画报出版社以世德堂本《新刻出像官板大字西游记》和清光绪十四年（公元 1888 年）味潜斋石印本《新说西游记图像》20 幅人物绣像及 100 幅插图出版了《绣像西游记》。

以《新说西游记图像》为粉本的绘画不多，颐和园仅有 3 幅，均为孔令旺作品。如颐和园谐趣园"大闹天宫"包袱人物是参照《新说西游记图像》第六回"观音赴会问原因，小圣施威降大圣"插图粉本绘画的（图 5-3-19a、图 5-3-19b）。

《新说西游记图像》绣像人物是各种绘画的粉本，亦是戏剧、电视剧人物造型的粉本（图 5-3-20a、图 5-3-20b、图 5-3-20c、图 5-3-20d）。孔令旺画师的《西游记》人物形象源于《新说西游记图像》绣像人物，他的西游记人物绘画表现的尤为突出。即便以连环画为粉本的绘画，依然保留着传统西游记人物形象，可谓"老味儿"十足。《新说西游记图像》也是现代画家创作西游记人物的粉本。如 1956 年刘继卣创作的《闹天宫》中的"蟠桃园内问真情"年画便是参照《新说西游记图像》第五回"乱蟠桃大圣偷丹，凡天宫诸神捉怪"插图为粉本创作的（图 5-3-21a、图 5-3-21b）。

《红楼梦》《东周列国志》《封神演义》《镜花缘》《西厢记》等名著中带插图或绣像的版本都可以作为彩画绘画粉本。现状彩画中这些名著粉本使用的更少，这里就不做详细介绍了。

第四节
原状与现状彩画粉本

摄影照片作为粉本是科学发展进步所带来的一种准确真实且便利的粉本。照片只是影像资料的一种形式，随着电脑和数码技术的发展，现在已可以用电脑起谱子，制作草稿，设计式样。既可制作白描稿，还可以"随类敷彩"。用手机或平板电脑可将各种粉本拍照储存，随用随调取，缩小放大任意自如。现在的 3D 打印扫描技术更有其超凡的功效，为彩画的收集和保护应用提供了强有力的技术支持。但历史照片的作用还是不能忽视的，特别是在古建筑彩画修复工程中历史照片还是发挥着其他粉本和文字描述所不能替代的功能。

一、原状彩画粉本

原状彩画指过去的彩画形式、绘画、式样等。记录原状彩画的粉本主要是影像资料，以历史照片影像资料记录的古建筑原状彩画，是研究中国建筑彩画和进行古建筑彩画修复的重要依据。

1. 故宫太和门内檐彩画

日本小川一真《清代北京皇城写真帖》第四十图"太和门内中央梁"历史照片是小川一真于 1901 年 8 月拍摄的，说明清代太和门原状内檐彩画是"龙草和玺"。现状太和门外檐彩画及"三大殿"（太和殿、中和殿、保和殿）四周建筑均为"龙草和玺"彩画，惟太和门内檐现状彩画是两色金的"金龙和玺"彩画。原因是袁世凯登基前对太和门进行油漆彩画时提高了内檐彩画等级。这张历史照片将现状彩画解读清楚了（图 5-4-1a、图 5-4-1b）。

2. 天坛祈年殿内檐彩画

紫禁城出版社《帝京旧影》第 139 页的"祈年殿梁架"照片，拍摄于 1900 年，所反映的内檐彩画为"龙凤和玺"，特别之处是花抬梁以上除斗栱外全部采用沥粉贴金的"浑金"做法。详细观察，花抬梁的"反手"（梁底面）为彩画，侧面是浑金，很好地解决了彩画与浑金之间的过渡。祈年殿在后来的修缮中将浑金工艺全部改为彩画做法，致使穹顶上部彩画阴暗，失去了原有神圣的建筑艺术。这张历史照片既讲解了原状彩画的做法，也为将来祈年殿内檐彩画恢复原状提供了重要的历史依据（图 5-4-2a、图 5-4-2b）。

3. 颐和园和玺彩画

颐和园东宫门、西宫门、排云殿、佛香阁及转轮藏建筑群采用的是"金龙和玺"彩画，虽经翻新，依然为原状彩画形式，唯有"云辉玉宇"牌楼于民国年间翻建时将金龙和玺彩画改为金线大点金旋子彩画。2005 年大修时按现状彩画进行了修复，使"云辉玉宇"牌楼与排云殿、佛香阁建筑群极不协调（图 5-4-3a、图 5-4-3b）。

4. 颐和园旋子彩画

旋子彩画中间的长条形绘画载体是"方心"。我们常见旋子彩画大都是"龙锦方心"，即上下两个方心交替使用龙纹饰和锦纹饰。"龙龙方心"，就是方心内全部使用龙的纹饰。在颐和园现状旋子彩画中只有乐寿堂后面的后罩房为"龙龙方心"旋子彩画，但乐寿堂、水木自亲及配殿保留的都是"龙锦方心"旋子彩画，这种彩画等级的倒置令人不解。但从 1912 年法国摄影师斯提芬·帕瑟拍摄的彩色照片来看，乐寿堂外檐彩画是

"龙龙方心"旋子彩画，且柁头彩画也是"坐龙"纹饰。因此，乐寿堂建筑群外檐彩画应为"龙龙方心"旋子彩画。

1912年法国摄影师斯提芬·帕瑟拍摄的荇亭牌楼为"龙龙方心"旋子彩画。荇亭牌楼为四柱冲天式，彩画形式为金线大点金旋子彩画，方心均为"二龙戏珠"片金（沥粉贴金）纹饰。此外，柱子海墁旋花下面的箍头下皮，分别与明间大额枋和次间大额枋上皮平，这与现存冲天式牌楼柱子彩画是截然不同的地方（图5-4-4a、图5-4-4b）。

由此可见，"龙龙方心"应是颐和园旋子彩画的主要形式。其中冲天式牌楼柱子应以大额枋上皮为基准线，线下做油饰，线上施彩画，这才是皇家园林冲天式牌楼的标准做法。

5. 颐和园苏式彩画

颐和园苏式彩画在历次修缮中，大都将原彩画做了不同程度的改变，使后人找不到规矩，也摸不着脉。如玉澜堂现状彩画与光绪年间原状彩画区别还是很大的。玉澜堂正房是五间硬山房前后带三间悬山抱厦的十字形平面的房屋，南抱厦外檐原状苏式彩画在1940年出版的《北京景观》中的一张历史照片记录得清清楚楚（图5-4-5a、图5-4-5b）。

（1）箍头：开间或构件两端的竖向纹饰称之为"箍头"。箍头两侧窄的纹饰是"连珠带"。箍头两侧都使用连珠带时称"双连珠带"，仅箍头内侧使用一条连珠带的称"单连珠带"。玉澜堂箍头为单连珠带万字箍头，原状彩画单连珠带用于箍头内侧，后来修复的彩画连珠带置于箍头外侧，这是不合规矩的"错活儿"。

（2）烟云：包袱的边框称"烟云"，烟云上成对或品字形的筒形纹饰称"烟云筒"。玉澜堂原状彩画烟云筒为8个，修复的烟云筒是6个，造成檐枋上的烟云筒数量减少，加大了檐枋上的烟云筒的间距，使包袱边显得过于松散。

（3）穿插枋彩画：最外一排的"檐柱"和内侧一排的"金柱"之间连接的木方称"穿插枋"。原状穿插枋彩画，青地儿设"硬卡子"，卡子间为圆形"池子"，池子内绘花鸟，修复的彩画简化为青地儿上"海墁流云"。

（4）垫板彩画：檩子和枋子之间的木板称"垫板"。原状彩画明间垫板卡子间画博古，两次间垫板卡子间绘攀缘植物（喇叭花、葡萄等），修复的彩画统一简化为"西番莲卷草"纹饰。

（5）包袱绘画："包袱"是半圆形的绘画载体。原状彩画，东次间包袱绘荷花，西次间包袱画牡丹。修复的彩画包袱改画人物（现已脱落）。

（6）黑白照片颜色不好识别。玉澜堂原状彩画的卡子似用颜色彩画的"色儿卡子"，不像是沥粉贴金的"片金卡子"。

由此可见，玉澜堂正房抱厦对原状彩画做了较大改动，待玉澜堂再重新彩画时，应按历史照片修复原状彩画。

故宫、天坛、颐和园是著名的世界文化遗产和国家级重点文物保护单位，以上通过历史照片对不是原状彩画的部分进行了解读。但愿将来彩画修复时能够按原状彩画进行修复。

二、现状彩画粉本

现状彩画，指古建筑保留的原状彩画和修复后的现状彩画。利用现代技术可以制成各种影像粉本用于彩画的设计与施工。特别是皇家园林中保存下来的苏式彩画，是古建筑修复和仿古建筑彩画采集使用最多最普遍的现状彩画粉本。

1. 北海快雪堂清中期苏式彩画粉本

快雪堂由澄观堂、浴兰轩、快雪堂三个院落组成，为乾隆皇帝钦命。前院有垂花门、抄手廊、东门房、澄观堂。中院有浴兰轩、东西配房。快雪堂院是清乾隆时期扩建的，建筑采用金丝楠木，油饰为"原木烫蜡"工艺。快雪堂荣获"2013年联合国教科文组织亚太地区文化遗产保护奖"之"优秀奖"。

前院、中院保留着完整的清乾隆四十四年（公元1779年）时的苏式彩画。成为研究清中期苏式彩画的最好例证，也是清工部《工程做法》中彩画作的重要式样，更是修复清中期苏式彩画的主要粉本，被复建的皇家园林建筑普遍采用。

（1）颐和园澹宁堂清中期苏式彩画：北海快雪堂清中期苏式彩画作为现存彩画粉本，首先由园林古建公司应用于2003年复建的颐和园澹宁堂建筑群，该工程荣获了北京市"优质工程奖"（图5-4-6）。

（2）香山清中期苏式彩画：香山公园原为"三山五园"之一的香山静宜园，乾隆皇帝钦赐园内的二十八景近些年得以复建。园林古建公司1997年复建了"欢喜园"（蟾蜍峰），1999年复建了"玉华岫"，2002年复建了"香雾窟"（图5-4-7），2015年又复建了"香山永安寺"后院一组园林景观工程（3标段），其中香山永安寺3标段荣获2016年度"结构长城杯金奖"和2017年"竣工长城杯金奖"。这些复建的二十八景大都以北海快雪堂清中期现存苏式彩画作为粉本进行彩画修复的。

2. 颐和园苏式彩画粉本

颐和园现状苏式彩画早已成为古建筑和仿古建筑参照依据的粉本，颐和园本园彩画修复也不例外。颐和园现状彩画是彩画作的"风向标"和"度量衡"。如游廊彩画多以长廊苏式彩画为标准的，很多地方的廊子都使用了双连珠带，廊子相连的建筑自然也使用双连珠带。近些年，在苏式彩画上存在着较大误区，特别是纹饰运用上存在问题较大。现以连珠带的运用举例说明。

苏式彩画连珠带有佛珠、枣花锦、柿子花等多种纹饰。近些年所做的苏式彩画连珠带基本为佛珠纹饰，且佛珠越画越大，蠢笨之极，失去了原本秀美的装饰效果。现行彩画中又多使用双连珠带，箍头和连珠带设计的很宽，加上长卡子的使用，挤占了找头的部位，有的甚至青地儿上不放聚锦，绿地儿中也省去了墨叶花的绘画。这种突出纹饰喧宾夺主的做法已成通病，应该根治。

连珠带是光绪年间苏式彩画普遍使用的一种纹饰，可以增加苏式彩画的华丽效果。连珠带的使用与彩画等级是无关的，但与施工队伍的习惯做法是相关的。

北京万寿寺西路后罩楼院是慈禧太后使用的房屋，东路的方丈院是万寿寺住持起居办公用房，现保留着原汁原味的清光绪年间包袱式苏式彩画。西路的后罩楼、方亭、八角亭、抄手廊全部建筑使用了“单连珠带”箍头；东路的南门房、正房、厢房采用“双连珠带”箍头。这足以说明连珠带的使用与苏式彩画等级是没有关系的。

颐和园万寿山前区，通过历史照片印证，光绪年间长廊及沿线的邀月门、八方亭、对鸥舫、鱼藻轩、山色湖光共一楼都没有使用连珠带箍头；颐和园万寿山西区，依据历史照片和西宫门景区现存光绪年间彩画，西宫门德兴殿及朝房、荇亭、小有天都采用了“双连珠带”箍头。修建颐和园时，油漆彩画是由多家“木厂子”和“油漆局”分区分片同时施工的，因此，连珠带的使用与施工单位是有直接关系的。

3. 颐和园彩画绘画粉本

“彩画绘画”，即彩画中的绘画。和玺彩画为纯彩画。旋子彩画以彩画为主，只有方心中的“墨叶花”（黑叶子花）与盒子中的“异兽”为彩画中的绘画。苏式彩画是彩画与绘画并重的，其中纹饰、刷色属于彩画部分，聚锦、方心、包袱、廊心、象眼、迎风板等绘画载体中的绘画及墨叶花、“拆垛”（一笔俩色儿）都是彩画中绘画的范畴。

颐和园现状彩画都是彩画作的粉本。在各种彩画中以苏式彩画为主，苏式彩画中又以绘画为最，绘画中又以人物绘画为崇。在众多苏式彩画中，大都以颐和园人物绘画为粉本。如北京万寿寺西路正房一包袱人物是以李作宾谐趣园饮绿亭“唐明皇游月宫”迎风板人物为粉本绘画的（图 5-4-8a、图 5-4-8b）；承德避暑山庄“曲水荷香”亭（康熙三十六景之十五景）上的一包袱人物是以李作宾鱼藻轩“闻雷惊箸”包袱人物为粉本绘画的（图 5-4-9a、图 5-4-9b）。

颐和园自身彩画修复工程也不例外，不少人物绘画粉本均选自颐和园现状彩画。如张民光德和园颐乐殿一廊心人物是以李福昌山色湖光共一楼西爬山廊的“和合二仙”包袱人物为粉本绘画的（图 5-4-10a、图 5-4-10b）。在花鸟、翎毛的绘画中也是如此，如北宫门东罩子门上的“老虎喝水”包袱翎毛是以谐趣园宫门内檐李作宾的包袱翎毛为粉本绘画的。

4. 青海乐都瞿昙寺明式彩画

青海乐都瞿昙寺，为全国重点文物保护单位。始建于明洪武二十五年（公元 1392 年），永乐、宣德年间陆续扩建，形成今天的规模。寺分前院、中院、后院三个院落，是青海唯一的明代早期官式建筑群，有“小故宫”之称。

“小故宫”之称源自瞿昙寺后院建筑群。主体建筑隆国殿，在后院高台之上，为七间重檐庑殿顶建筑，台基和月台环以石栏杆，犹如故宫太和殿；东厢的大鼓楼如同太和殿东配楼体仁阁；西厢的大钟楼好似太和殿西配楼弘义阁；瞿昙寺庑廊似同故宫三大殿的庑房。特别是隆国殿两厢的抄手廊是仿建明代太和殿的形制建造的。康熙年间，太和殿失火重建，将殿两厢的抄手庑房改为跌落式宫墙，瞿昙寺隆国殿两厢的抄手廊就成为中国木结构建筑保留下来的唯一的建筑形制。

瞿昙寺中院和后院建筑上保留着大量原汁原味的明代早期官式彩画，成为瞿昙寺的一绝。笔者将其总结为五种彩画形式：红装、墨线、大点金、小点金、两色花心明式彩画，详见表 5-4-1。这些完整系统的明式彩画，填补了明代早期官式彩画的空白，成为研究明式彩画颜料、工艺、形制的重要实例。

清代在进行瞿昙寺修葺时，将主要建筑的外檐彩画改为“双池子地方彩画”，可按文物建筑彩画修复时“内檐翻外檐”的经验做法，以内檐现状彩画作为粉本进行外檐彩画的修复，同时以内檐彩画为依据对外檐彩画进行断代。现以瞿昙寺后院隆国殿建筑群为例说明如下：

（1）隆国殿：隆国殿后檐的上檐、下檐和两山下檐的北廊间为原状“两色花心明式彩画”，西山北廊间彩画保留较为完整，檐椽头老虎眼纹饰清晰可辨。外檐与廊内檐彩画一致。依据后檐和廊内檐彩画断代，隆国殿前檐和两山的上檐、下檐为清代“双池子地方彩画”。修复时可以后檐和廊内檐现状彩画为粉本修复隆国殿外檐彩画。

此外，隆国殿前檐、两山内檐和外檐斗栱彩画有别。殿内檐斗栱彩画完好，廊内檐斗栱彩画基本完好，外檐斗栱彩画基本脱落。隆国殿前檐、两山外檐斗栱的升、斗、栱上有如意头卷瓣纹饰，为典型的地方做法，可以廊内檐斗栱彩画为粉本修复外檐斗栱彩画（图 5-4-11a、图 5-4-11b、图 5-4-11c）。

（2）大钟楼和大鼓楼：为大钟鼓楼庑廊上面三间庑殿顶轩式建筑。大钟鼓楼内檐为“墨线明式彩画”，保留完好。大钟鼓楼二层外檐彩画与隆国殿前外檐彩画一致。依据大钟鼓楼内檐彩画断代，外檐彩画为清代“双池子地方彩画”。大钟鼓楼二层外檐彩画可以内檐现状彩画为粉本进行修复（图 5-4-12a、图 5-4-12b、图 5-4-12c）。

由此可见，现状明式彩画为瞿昙寺彩画断代和修复明代彩画的粉本是无可置疑的。

瞿昙寺明式彩画统计表

表 5-4-1

序号	彩画名称	年代	位置	特点	方心	天花	其他
1	红装明式彩画	明洪武	中院瞿昙殿内檐	暖色调，青绿纹饰间加红。方心、梁枋侧面与反手大红底色	方心绘佛像、花卉卷草，围脊枋与承椽枋海墁伎乐、法器	红枝条侧面半朵花卉交替。反手黄色降魔杵，墨线勾画轮廓线。暖色调佛及菩萨天花	普拍枋侧面绘丁字锦、反手绘降魔杵纹饰，藻井斗栱浑金工艺
2	墨线明式彩画	明宣德	上院大钟鼓楼庑廊、大钟鼓楼内檐、隆国殿东西抄手廊	冷色调，青绿黑三色突出如意头一整两破格局，纹饰华丽丰满	青绿空方心	大钟鼓楼下一层作佛天花	大钟鼓楼内檐和庑廊品字斗栱。斗栱彩画无压老官式做法
3	小点金明式彩画	明永乐	中院金刚殿、东西九间、小钟鼓楼、东西北庑廊、金刚殿东西抄手廊、宝光殿内檐承椽枋和围脊枋、瞿昙殿暗廊承椽枋	冷色调，青绿黑三色如意头一整两破格局，纹饰简洁，花心、菱角地儿平涂点缀黄色纹饰	青绿空方心	东西九间三世殿、护法殿、小钟鼓楼北三间暖色九菩萨天花	无
4	大点金明式彩画	明宣德	隆国殿内檐	冷色调，青绿黑三色如意头一整两破格局，纹饰华丽，花心、菱角心等处平涂黄色，章丹勾线，似沥粉贴金效果	垂直方心粘贴预制“七宝”纹饰，水平方心为空方心	绿枝条粘贴预制“七宝”纹饰，暖色九菩萨天花	殿内檐斗栱彩画无压老官式做法
5	两色花心明式彩画	明宣德	隆国殿廊内檐、隆国殿后檐及两山北廊间	冷色调，青绿黑三色如意头一整两破格局，构件垂直面“一整”花团花心、菱角心平涂黄色，构件垂直面“两破”花团和反手花心、菱角心平涂蓝色	垂直青色方心粘贴预制“七宝”纹饰，绿方心和水平方心为空方心	无	廊内檐、后外檐及两山北廊间斗栱彩画无压老官式做法

第五节
画家绘画作品粉本

许多画家的绘画作品也是彩画绘画的重要粉本，被广泛应用于苏式彩画的绘制中。

一、戴进绘画粉本

戴进（1388—1462年），字文进，号静庵，又号玉泉山人，浙江杭州人。早年为制作金银首饰工匠，后工书画，以卖画为生。擅山水、人物、花鸟。戴进的绘画在当时影响极大，追随者甚众，人称“浙派”，成为明代前期画坛主流。作品有《春山积翠图》《风雨归舟图》《三顾茅庐图》等。

戴进的《三顾茅庐图》，画家刘凌沧曾以其为粉本绘画了“三顾茅庐”作品，李作宾也以此粉本于眺远斋画了“三顾茅庐”包袱人物。刘凌沧为中国画“工笔重彩”技法，李作宾是传统的“落墨搭色”工艺，两位大师采用同一粉本的绘画，表现出不同的绘画特色和艺术风格（图5-5-1a、图5-5-1b、图5-5-1c）。

二、王素绘画粉本

王素（1794—1877年），清代画家。字小梅，晚号逊之，江苏扬州人，凡人物、花鸟、走兽、虫鱼，无不入妙，为扬州十小首推代表人物。

王素的绘画作品画师们能够见到的很少，用于彩画绘画的粉本人物绘画也就极少了。笔者仅从网上找到一幅李作宾长廊上的“斗蛐蛐”包袱人物是以王素“桐荫蟋蟀图”为粉本绘画的包袱人物。

王素作品多被收录在《古今名人画稿》《三希堂画谱大观》《海上名人画稿》《近代名画大观》等画谱中，他的作品是彩画绘画的重要粉本。如王素的“淝水之战”“钟馗驱鬼”“韩康卖药”等，《古今名人画稿》和《三希堂画谱大观》都有收录。

王素的22幅“耕织图”绘画收录在光绪戊申上海育文书局石印《古今名人画稿》中。王素的“耕织图”绘画与《康熙御制耕织图》一致，每幅图都是对应的。1689年康熙皇帝南巡时就发现了“耕织图”， 王素出生于1794年，因此《古今名人画稿》收录王素绘画的“耕织图”应是以《康熙御制耕织图》为粉本绘画的耕图（图5-5-2a、图5-5-2b）和织图（图5-5-3a、图5-5-3b）。

2004年园林古建公司复建了颐和园耕织图，根据甲方要求彩画内容为耕、织题材。画师便以《古今名人画稿》收录的王素绘画的“耕织图”为粉本绘画了部分耕图（图5-5-4a、图5-5-4b）和织图（图5-5-5a、图5-5-5b）。

三、钱慧安绘画粉本

钱慧安（1833—1911年），名贵昌，字吉昌，号清溪樵子，清末著名画家。他突出的绘画特色是“雅俗共赏”，从他的绘画作品不难看出其雅不避俗、俗不伤雅的风格。他一生创作了大量的绘画作品，流传广，影响大，被多种画谱选用。他的作品也被工艺品绘画、雕刻选用，特别是他的白描画谱，最适合苏式彩画“落墨搭色”和“硬抹实开”工艺的人物绘画，故画师多以钱慧安绘画为粉本进行人物绘画，颐和园苏式彩画诸多经典人物绘画大都是以钱慧安白描绘画为粉本的。

钱慧安白描粉本是园林古建公司重要粉本，老少咸宜，使用最多的是李作宾老画师，其次是孔令旺老画师及一些青年画师。钱慧安作品主要收录在《钱吉生人物画谱》，最早的版本是宣统三年（公元1911年）的版本。颐和园苏式彩画包袱、迎风板人物有20余幅经典人物绘画以此为粉本绘画的。2001年7月天津人民美术出版社以《钱吉生人物画谱》为蓝本，出版发行《钱慧安人物画谱》，全书亦收录钱慧安作品100幅。钱慧安作品在《古今名人画稿》《三希堂画宝》《海上名人画稿》《近代名画大观》等书均有收录。历代名家作品丛书《钱慧安白描精品选》，王树村著，天津人民美术出版社2006年1月出版发行，全书收录钱慧安绘画作品125幅，其中花卉静物19幅，人物106幅，每幅作品都有了题名和说明，不但使读者可以更好地理解钱慧安绘画作品，而且能更好地解读对应的彩画人物。2014年1月由浙江人民美术出版社重印发行了《钱吉生人物画谱》，在原著的基础上，增加了11幅白描和16幅绘画作品，共收录钱慧安绘画作品128幅。

现以钱慧安作品为粉本的经典绘画选录于下：

1. 登鹳雀楼

粉本上题：“欲穷千里目，更上一层楼。”诗句源于唐·王之涣诗：“白日依山尽，黄河入海流。欲穷千里目，更上一层楼。”鹳雀楼在山西蒲州府（永济县）西南。沈括《梦溪笔谈》卷十五载：“河中府鹳雀楼三层，前瞻中条，下瞰大河。”绘画表现两位诗人拾级登楼，将王之涣诗意尽皆表现出来（图5-5-6a、图5-5-6b）。

2. 三到瑶池

《汉武故事》载："东方国献短人，帝呼东方朔，朔至，短人指谓上曰：'王母种桃，三千岁一子，此子不良，已三过偷之矣。'"粉本上的东方朔捻髯坐在枯槎之上，槎前是偷来的仙桃，一旁是悬崖劲松，松上白猿向下窥视，好不羡慕。这一题材颐和园有两幅，长廊一幅，谐趣园湛清轩一幅，都是李作宾老画师的佳作（图 5-5-7a、图 5-5-7b）。

四、任颐绘画粉本

任颐（1840—1896 年），字伯年，号小楼，浙江绍兴人，清末著名海派画家。擅长人物、花卉翎毛。父亲任声鹤是民间画像师，大伯任熊，二伯任熏，均是名声显赫的画家。任伯年精于写像，是一位杰出的肖像画家。人物画早年师法萧云从、陈洪绶、费晓楼、任熊等人。工细的仕女画近费晓楼，夸张奇伟的人物画法陈洪绶，装饰性强的街头描则学自任熏，后练习铅笔速写，变得较为奔逸，晚年吸收华岩笔意，更加简逸灵活。仿宋人双钩法，白描传神，赋彩浓厚，气魄沉雄，对后世产生巨大影响，对古建筑彩画匠亦不例外。李作宾就是一位喜以任伯年绘画为粉本的画师。

1959 年长廊彩画时李作宾就开始以任伯年绘画为粉本了。1959 年的长廊彩画已不复存在，笔者有幸找到了以任颐绘画为粉本绘画的"周敦颐爱莲"与"梅妻鹤子"聚锦人物（图 5-5-8a、图 5-5-8b）。1979 年李作宾又以此粉本于长廊绘画了"梅妻鹤子"包袱人物。

1979 年长廊再次彩画时，李作宾以任伯年绘画为粉本绘画的包袱人物有："承彦桥归"（图 5-5-9a、图 5-5-9b）、"祝鸡翁"、"苏武牧羊"（图 5-5-10a、图 5-5-10b）、"老子出关"、"柳塘双舟"（图 5-5-11a、图 5-5-11b）、"东山丝竹"等。李作宾的包袱人物绘画尊重原作，模仿逼真，惟妙惟肖。

五、吴友如绘画粉本

吴友如（约 1840—1894 年），名嘉猷，字友如，别署猷。江苏元和（今吴县）人。幼年贫困，喜绘画，自学勤练，并吸取钱杜、改琦、任熊等人画法，遂工人物、肖像，以卖画为生。清光绪十年（公元 1884 年）在上海主绘《点石斋画报》，名噪一时。光绪十六年（公元 1890 年）独资创办《飞影阁画报》，曾应征至北京，为宫廷作画。吴友如逝世后，上海璧园会社以巨资自吴友如儿子处购得画作 1200 幅，编成《吴友如画宝》。

民国 15 年（公元 1926 年）上海同文书局以《吴友如画宝》中的仕女人物出版了《吴友如百美画谱》。民国年间长廊八方亭有以此粉本绘画的"金钗细盒"迎风板人物。《吴友如百美画谱》是老画师使用的粉本，如孔令旺长廊上的"行厨生香（麻姑献寿）"、李作宾对鸥舫上的"歌妓拜月（貂蝉拜月）"、天津画师长廊上的"蓝桥奇遇（蓝桥仙窟）"都是完全按粉本绘画的（图 5-5-12a、图 5-5-12b）；孔令旺宜芸馆"替父从军"包袱人物，是参照吴友如"代父戍边"粉本绘画的，花木兰凛尊粉本，武士和战马右移，左边增加了送女儿出征的父母。竖版粉本改横幅绘画，经营位置合理，随类敷彩准确，花木兰居中，形象更为突出。这是孔令旺参照粉本进行再创作的经典之作（图 5-5-13a、图 5-5-13b）。

1982 年天津古籍书店也以《吴友如画宝》中的人物和仕女编辑出版了《吴友如人物仕女画集》。画集为横幅，是截取吴友如绘画的重要部分编辑而成的。《吴友如百美画谱》收集在画集中，另有婴戏图 10 幅，十二月花神 12 幅及其他人物和仕女绘画。《吴友如人物仕女画集》是青年画师钟爱的粉本之一。以此为粉本的绘画集中于颐和园长廊、乐寿堂游廊、东宫门朝房及北京那王府等处，如张京春东宫门朝房上的"梁红玉"和北京那王府的"麻姑献寿"包袱人物。

六、潘振镛绘画粉本

潘振镛（1852—1921 年），字承伯，号亚笙，又号雅声，别署冰壶琴主，晚署讷钝老人、钝叟、钝老人，秀水（今浙江嘉兴）人。出身于绘画世家，从师钱塘名画家戴以恒，画艺日臻精妙，尤工人物仕女。晚清海派六十家之一。

《三希堂画宝》和《近代名画大观》收录的潘振镛《红楼梦》人物绘画是李作宾长廊"踏雪寻梅"（图 5-5-14a、图 5-5-14b）和"湘云醉卧"包袱人物绘画的粉本（图 5-5-15a、图 5-5-15b）。

七、沈心海绘画粉本

沈心海（1855—1941 年），原名涵，又名兆涵，钱慧安入室弟子，江苏崇明人。擅画人物、花卉、山水，皆佳妙，尤精仕女。晚清海派六十家之一。

沈心海绘画作品及各种画谱收录的白描画稿都是画师们推崇的粉本。在颐和园苏式彩画人物绘画中，经典之作多以沈心海绘画为粉本，且多集中在谐趣园。如饮绿轩上的"簪花晋酒"和涵远堂上的"富贵寿考"包袱人物，就是孔令旺和李作宾以沈心海绘画作品为粉本绘画的珍品。

谐趣园涵远堂上李作宾的"紫气东来"和孔令旺的"皆大欢喜"迎风板人物是两位老画师的"较劲儿"作品。

"较劲儿"是北京话，因互不服气，暗中使劲儿进行比试的意思。在苏式彩画施工时，画师们暗中"较劲儿"已成为园林古建公司的优良传统。"较劲儿"的代表当属李作宾和孔令旺两位老画师。两位大师是莫逆之交，身怀绝技，是彩画人物绘画的代表和领军人物，颐和园主要人物绘画精品基本出自两位大师之手。

谐趣园涵远堂，东面和南面的包袱人物归李作宾绘制，西面和北面的包袱人物由孔令旺绘制。两山面是颐和园中最大的包袱人物：东面是李作宾的“救白马曹操解重围”，西面是孔令旺的“竹林七贤”。涵远堂后檐廊端的迎风板人物，两位大师均以沈心海绘画作品为粉本，东面是李作宾的“紫气东来”，西面是孔令旺的“皆大欢喜”。东面老子是东方之神，为道教题材；西面弥勒是西方之神，为佛教题材；东面老子有髯发，西面弥勒是光头；东面四童男童女跟随相伴，西面六童子玩耍嬉戏；东面有老子出行时的坐骑青牛，西面是佛从天上到人间坐骑瑞象；老子低头沉思、衣冠楚楚，弥勒仰天狂笑、赤足裸胸，就连腋毛都让人看得清清楚楚。配景中的山峦、松树、大海、灌木也一一对应。这种完全对仗式的“较劲儿”作品，不仅成为李作宾、孔令旺的经典之作，还创造出颐和园彩画中最大最精最美的迎风板人物绘画（图 5-5-16a、图 5-5-16b）。

八、何逸梅绘画粉本

何逸梅（1894—1972 年），现代月份牌画家。号明斋。江苏吴县（今属苏州）人。其画风细腻，人物造型生动，色调清新柔和，最宜绘制月份牌画，故沪上各大厂商都重金约他创作。1925 年被香港永发公司以高薪聘去专绘月份牌画，艺术地位与当时香港誉为“月份牌王”的画家关蕙农旗鼓相当。1941 年日本侵略军攻占香港后，他返回上海，一直从事月份牌画创作，兼作工商装潢美术设计（摘自 360 百科）。

笔者竟拍到何逸梅绘画散片 8 幅，1955 年 1 月由上海图片社出版，片长 26cm，宽 18cm。印刷时间为 1956 年 1~2 月。杨继民画师以其中的两幅为粉本绘画了包袱花鸟：一幅以何逸梅的绘画作品“鹭”为粉本于长廊绘画了“白鹭”包袱花鸟（图 5-5-17a、图 5-5-17b）；另一幅以何逸梅的绘画作品“小白兔”为粉本于长廊绘画了“小白兔”包袱翎毛（图 5-5-18a、图 5-5-18b）。

九、蔡铣绘画粉本

蔡铣（1897—1960 年），字振渊、震渊，苏州人。因家藏玉蝉砚，别署玉蝉砚主，其画室额名为“玉蝉砚斋”。首任苏州中学等校国画教师，1958 年至苏州工艺美术研究所从事设计工作，以工笔画著称，线条挺秀，落笔细腻，用笔得法，设色妍艳，极具富贵气息。画猴和松鼠，用笔独到，人称“蔡猢狲”“蔡松鼠”。

蔡铣绘画作品作为彩画绘画粉本，还有一段插曲：1979 年长廊彩画时，包袱都是在颐和园德兴殿预制的，虽然工期紧，任务重，职工每个月还能有一天休息的时间。李作宾画师每逢休息，基本都是到北京琉璃厂泡上一天，汲取绘画营养。蔡铣的侍女四扇屏绘画就是他在琉璃厂发现的，便以此为粉本在长廊绘画了 3 幅仕女包袱人物：

1. 晓起提筐过翠畴

蔡铣侍女四扇屏之一，画中题诗：“柔桑枝上听鸣鸠，晓起提筐过翠畴。借问谁家春梦好，半窗红日未梳头。”李作宾以此为粉本绘画了“晓起提筐过翠畴”包袱人物（图 5-5-19a、图 5-5-19b）。有人称此绘画为“黛玉葬花”是不对的，黛玉葬花应是黛玉一人或和宝玉在一起，不会是两个提筐的少女。

2. 晓来常自伴梳头

蔡铣侍女四扇屏之二，画中题诗：“一家鸡犬住扁舟，一棹浮家到处游。奴有阿狸鱼有婢，晓来常自伴梳头。”李作宾以此为粉本于长廊绘画了“晓来常自伴梳头”包袱人物（图 5-5-20a、图 5-5-20b）。

3. 茜窗姐妹弄瑶琴

蔡铣侍女四扇屏之三，画中题诗：“一片新篁露未侵，茜窗姐妹弄瑶琴。碧萦香篆凉生指，尘世伊谁能赏音。”李作宾以此为粉本绘画了“茜窗姐妹弄瑶琴”包袱人物（图 5-5-21a、图 5-5-21b）。称此绘画为“西厢记”是没有依据的。

十、刘凌沧绘画粉本

刘凌沧（1906—1989 年），名恩涵，字凌仓，河北固安人。14 岁从师民间画工学艺。1926 年到北平学习绘画。1933 年起，任北平京华美术学院教授兼国立艺专讲师。1950 年后任中央美术学院讲师、中国画系教授等职。是中国美术家协会会员，中国画理论家、教育家。他成为“著名中国工笔画重彩画家”，与其从师学艺古建筑彩画行当有直接关系，他和园林古建公司老画师李作宾、孔令旺是至交，曾多次邀请李作宾到中央工艺美术学院讲学，均被李作宾婉言谢绝了。

因刘凌沧的画是工笔重彩，又有传统彩画功底，备受园林古建公司青年画师推崇。如张京春乐寿堂东配殿“西园论艺”廊心人物，就是以刘凌沧 1924 年画的“西园论艺”为粉本绘画的（图 5-5-22a、图 5-5-22b）；张民光澹宁堂“张敞画眉”廊心人物，也是以刘凌沧 1939 年画的“京兆画眉”为粉本绘画的（图 5-5-23a、5-5-23b）。

十一、任率英绘画粉本

任率英（1911—1989 年），汉族，河北束鹿人。早年师从徐燕孙学画，20 世纪 40 年代参加“中国画学研究会”曾多次在北京、天津等地举办个人画展。1949 年后在人民美术出版社从事国画、连环画、年画的创作，擅工笔重彩人物画，多以民族英雄、神话传说和民间故事为题材。画风工细艳丽，雅俗共赏……曾为中国美术家协会会员，北京东方书画社社长，北京工笔重彩画会副会长，北京中国画研究会理事（《荣宝斋画谱》一一八）。

任率英绘画作品也是苏式彩画绘画的重要粉本，在香山静宜园和颐和园都有以其年画为粉本的彩画绘画精品。

香山公园见心斋的廊心人物都是没有敷彩的“落墨”人物。以任率英年画为粉本的绘画是“天女散花”（图 5-5-24a、图 5-5-24b）和“嫦娥奔月”廊心人物（图 5-5-25a、图 5-5-25b）。

十二、万一绘画粉本

万一(1935 年 12 月生)，原名万挺森， 河北昌黎人。擅长中国画和美术教育。1962 年毕业于中央工艺美术学院。历任北京工艺美术学校教师、副校长，北京工艺美校职工大学党委书记、副校长，副教授、教授。出版有《万一工笔花鸟画集》《工笔花鸟白描图集》，都是彩画花鸟题材绘画的粉本。

万一先生的《迎风展翅》作品入选联合国教科文组织中国现代绘画展。1979 年长廊彩画时曾以此为粉本绘画了“迎风展翅”包袱花鸟（图 5-5-26a、图 5-5-26b）。

十三、田世光绘画粉本

田世光(1916—1999 年)，号公炜，祖籍山东乐陵，世居北京海淀六郎庄。师承张大千、赵梦朱、吴镜汀、于非闇、齐白石诸先生。田世光先生是中国美术家协会会员，北京工笔重彩画副会长，中国画研究院第一届院务委员。他长期从事花鸟、山水画创作，为我国现代工笔花鸟画名家。

马玉梅以田世光“杜鹃孔雀”绘画为粉本于颐和园乐寿堂绘画了“玉堂（棠）孔雀”迎风板花鸟。马玉梅绘画时将粉本上的杜鹃改为玉兰花和海棠花，与乐寿堂前后广植玉兰、海棠相呼应，从而点出乐寿堂犹如汉代“玉堂殿”一样高贵，也提升了“玉堂（棠）孔雀”花鸟题材迎风板的绘画意境（图 5-5-27a、图 5-5-27b）。

第六节
年画粉本

“年画”是中国绘画的一种形式，始于古代的“门神画”，是汉族民间艺术的一个门类，是中国特有的民间美术形式。年画起源于汉代，发展于唐宋，盛行于明清。宋代称“纸画”，明代称“画贴”，清代称“画片”“画张”“卫画”等，直到清道光二十九年（公元 1849 年），李光庭的《乡言解颐》一书中始见“年画”一词，清光绪年间正式称之为“年画”。年画是中国老百姓喜闻乐见的艺术形式之一。大都在过年时张贴，祝福新年吉祥，增加过年气氛，故名“年画”。

新中国成立后，年画推陈出新，继承了年画的优良传统，摒弃了旧年画中的一些迷信、落后的内容。在专业画家参与创作下，年画的面貌焕然一新，涌现出一批经典的“条屏”式年画。

“中国传统绘画体裁，有‘屏条’一种式样，画身狭长，八条为一堂，俗称‘八扇屏’。也有四条或更多者，因这种形式起于古代的屏风上，故称‘屏条’。”（王树村《略说古今人物故事屏条年画》）“屏条”，人们习惯称之为“条屏”。为竖向的长条形；每个条屏中分配的画面，称之为“格”或“开”。如四个条屏，每条屏中有三个画面，便称之为“三开四条屏”。

条屏年画形式非常丰富。有四条屏表现一个画面的，如 1989 年 8 月天津美术出版社出版的丁楼辰绘画的《群仙祝寿图》，居中的是一株松树，四周是神态各异的仙鹤。此题材俗称“松鹤延年”。松树下还画有翠竹和水仙，又是“灵仙祝寿”题材。是非常不错的彩画绘画粉本；又如 1958 年 11 月河北人民美术出版社出版的，由菜鹤汀、菜鹤洲绘画，于平作词的《关羽》四条屏，一个条屏一个画面，内容是“千里走单骑”“古城相会”“单刀赴会”“刮骨疗毒”，作为廊心绘画是不错的粉本。

年画作为彩画绘画粉本是从颐和园开始的。首先由孔令旺老画师用于宜芸馆苏式彩画绘画。1979 年，长廊彩画时被广泛使用。此外，月份牌上面的绘画也是彩画绘画粉本，20 世纪 80 年代后，年画粉本和月份牌粉本被挂历粉本替代。

年画还是彩色连环画和彩色组画的粉本。20 世纪 50 年代古典人物题材的年画，既是颐和园苏式彩画绘画粉本，也是彩色连环画粉本。1999 年，人民美术出版社以 20 世纪 50 年代出版的年画作为粉本，编辑出版了彩色连环画。如刘继卣的《武松打虎》和《闹天宫》，任率英的《白蛇传》和《桃花扇》，王叔晖的《西厢记》，墨浪的《牛郎织女》。2008 年，人民美术出版社又出版了《彩色连环画珍品集》第一、二集，在以上六本彩色连环画的基础上，增加了任率英的《昭君出塞》和赵宏本、钱笑呆的《三打白骨精》。这些年画还有以散页形式出版的，如 1957 年人民美术出版社出版的刘继卣绘图、朱丹编文的《武松打虎》。彩色连环画还有 2007 年上海美术出版社的“年画连环画”系列彩色连环画，如由赵宏本、钱笑呆绘图，汪星北编文的《孙悟空三打白骨精》，是白描与彩色绘画对照的版本。《武松打虎》《闹天宫》年画以“组画”形式收录在《荣宝斋画谱》中。

此外，花鸟、动物题材的年画也是很好的苏式彩画绘画的重要粉本。

一、《白蛇传》年画粉本

年画作为粉本是孔令旺画师首创的，在玉澜堂和宜芸馆首先使用的是《白蛇传》年画粉本。

《白蛇传》年画最早的版本是1953年任率英绘，郭烽明词，人民美术出版社出版的版本，还有1954年、1955年的版本等。玉澜堂和宜芸馆孔令旺的四幅《白蛇传》题材包袱人物是以任率英年画为粉本绘画的。四幅《白蛇传》包袱人物都是孔令旺老画师的珍品：

1. 西湖奇遇

年画第二图题词：“春风吹得杨柳舞细腰，大江南遍地草绿花娇，白娘娘带小青来游西湖，没料到黄梅雨落个不了，搭小船避风雨巧遇许仙，两心间立刻滋长了情苗。”孔令旺以《白蛇传》年画第2图为粉本于宜芸馆绘画了“西湖奇遇”包袱人物（图5-6-1a、图5-6-1b）。

2. 合钵

年画第十四图题词：“没想到老秃僧取了金钵，没想到团圆的家庭重破，金钵罩住了白娘娘，许仙的心里如刀割。白娘娘吩咐小青赶紧走，待时机再报仇前来救我！。”孔令旺以《白蛇传》年画第14图为粉本于宜芸馆绘画了“合钵”包袱人物（图5-6-2a、图5-6-2b）。

二、《闹天宫》年画粉本

“1956年《闹天宫》组画由人民美术出版社出版，以年画的形式在全国大量发行，深受广大人民群众的欢迎。随后《闹天宫》组画原作八幅，由人民美术出版社转借给当时的中国美术组织机构，送到世界有关国家进行巡回展出。展览完成后，只还给刘继卣先生《闹天宫》原作八幅中的六幅，另外的第二幅第四幅原作，被告知‘不慎丢失，难以找到’。惊天动地之艺术杰作竟不能完整回归，就连后来周恩来总理调阅原作时，也只能看到六幅。刘继卣先生为此更是伤心万分。此后再出版《闹天宫》组画时，其中的第二、第四两幅，只得使用早先出版物的翻拍照片来制版。这真是天大的遗憾。事隔几十年，奇迹却发生了！中国美术出版总社的刘延江先生，在弘扬祖国文化组织出版连环画珍品的过程中，几经周折，从中国美术馆尘封的众多藏品中，将《闹天宫》组画丢失的第二、四两幅原作找到。立即将这两幅几十年不见天日的艺术瑰宝，进行了拍照制版，并借出参加了纪念人民美术出版社建社五十周年展览会，在中国美术馆展出。2003年天津杨柳青画社根据刘继卣先生《闹天宫》八幅原作出版了4开大画册！”（引自艺术百科）

颐和园长廊以《闹天宫》年画为粉本的绘画作品有：

1. 偷喝御酒

长廊一包袱人物是以刘继卣1956年《闹天宫》年画之“醉罢瑶池食仙丹”为粉本绘画的（图5-6-3a、图5-6-3b）。年画上郭烽明的配词是：

跟头云落瑶池边，瑶池陈设好稀罕；

金花银叶镶玉桌，雕砌宝石作栏杆；

龙肝凤肉几十碗，香汤仙酒一坛坛。

可喜大圣来得早，烂嚼毫毛做机关，

吐来变作瞌睡虫，催眠神童和酒仙。

开坛灌酒喝个醉，大缸倒地小坛翻。

2. 大闹天宫

刘继卣1956年《闹天宫》年画之“齐天大圣战神兵”画面有郭烽明配词：

不劳玉帝加封号，千山猢狲把驾保；

“齐天大圣”自己当，水帘洞口大旗飘。

忽传天将发兵来，战鼓声震群山摇；

猴王提棒退强敌，迅如急风把叶扫。

一棒打败巨灵神，二棒哪吒负痛跑；

“告诉玉帝老头子”，孙爷和他比大小。

1979年李作宾以此刘继卣《闹天宫》年画为粉本于长廊留佳亭绘画了“大闹天宫”迎风板人物。将竖版改横版，进行了重新构图，细部绘画得惟妙惟肖，用彩画绘画技法再现了刘继卣大师的杰作，成为游人最喜爱的迎风板人物绘画（图5-6-4a、图5-6-4b、图5-6-4c、图5-6-4d）。

图 5-2-1a 《芥子园画谱》“浮羽拂波”粉本（选自 1936 年国学整理社出版《芥子园画谱全集》）

图 5-2-1b 冯珍在颐和园宜芸馆游廊绘制的“浮羽拂波”花鸟方心

图 5-2-2a　《芥子园画谱》“高鸣常向月”粉本（选自 1936 年国学整理社出版《芥子园画谱全集》）

图 5-2-2b　孔令旺在颐和园谐趣园游廊绘制的“高鸣常向月”包袱花鸟

图 5-2-3a 《芥子园画谱》“婴戏（捉迷藏）”粉本（选自天津市古籍书店《芥子园画谱》）

图 5-2-3b 陆弘在颐和园长廊绘制的“婴戏（捉迷藏）”包袱人物

图 5-2-4a　《三希堂画宝》“点睛破壁”粉本（选自 1982 年北京市中国书店《三希堂画宝》）

图 5-2-4b　杨继民在颐和园长廊绘制的“画龙点睛”包袱人物

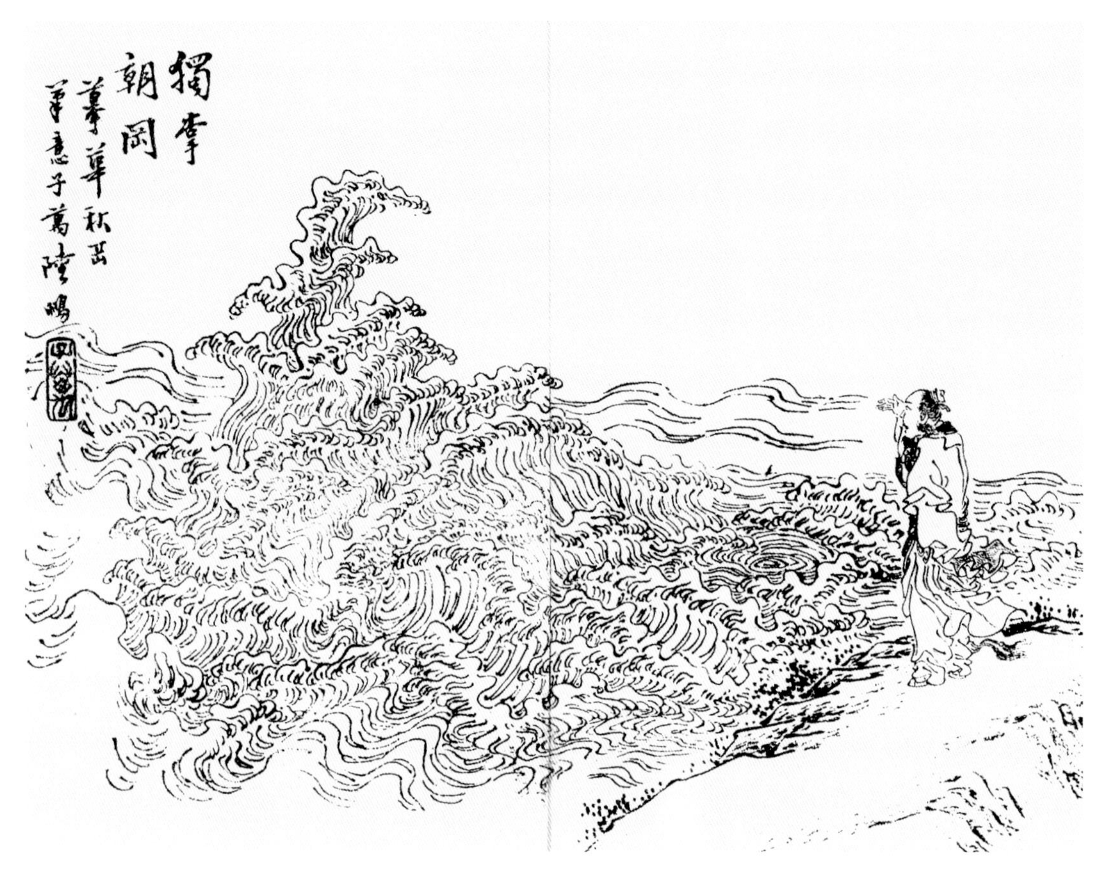

图 5-2-5a 《三希堂画宝》“独掌朝纲”粉本（选自 1982 年北京市中国书店《三希堂画宝》）

图 5-2-5b 李作宾在颐和园宜芸馆绘制的“独掌朝纲”包袱人物

图 5-2-5c　李作宾在颐和园宜芸馆游廊绘制的简笔“独掌朝纲”包袱人物

图 5-2-6a 《古今名人画稿》“淝水之战”粉本（选自光绪戊申上海育文书局石印《古今名人画稿》）

图 5-2-6b 孔令旺在颐和园谐趣园绘制的“淝水之战”包袱人物

图 5-2-7a　《古今名人画稿》"耄耋图"粉本（选自光绪戊申上海育文书局石印《古今名人画稿》）

图 5-2-7b　颐和园玉澜堂"耄耋图"包袱翎毛

图 5-2-8a 《海上名人画稿》“同看藕花”粉本（选自光绪乙酉年《海上名人画稿》）

图 5-2-8b 张京春在颐和园长廊绘制的“同看藕花”包袱人物

图 5-2-9a　《近代名画大观》“子猷爱竹”粉本（选自上海大东书局《近代名画大观》）

图 5-2-9b　李作宾在颐和园长廊绘制的“子猷爱竹”包袱人物

图 5-2-10a 《近代名画大观》"鹦鹉"粉本（选自上海大东书局《近代名画大观》）

图 5-2-10b 杨继民在颐和园长廊绘制的"鹦鹉"包袱花鸟

第四十四回　子牙魂游昆仑山

诗曰：

左道妖魔事更偏，咒诅魇魅古今传。
伤人不用飞神剑，索魄何须取命笺。
多少英雄皆弃世，任他豪杰尽归泉。
谁知天意俱前定，一脉游魂去复连。

图 5-3-1a　《绣像封神演义》第四十四回“子牙魂游昆仑山”全图粉本（选自 2003 年山东画报出版社《绣像封神演义》）

图 5-3-1b　李福昌在颐和园山色湖光共一楼绘制的“姜子牙梦游”包袱人物

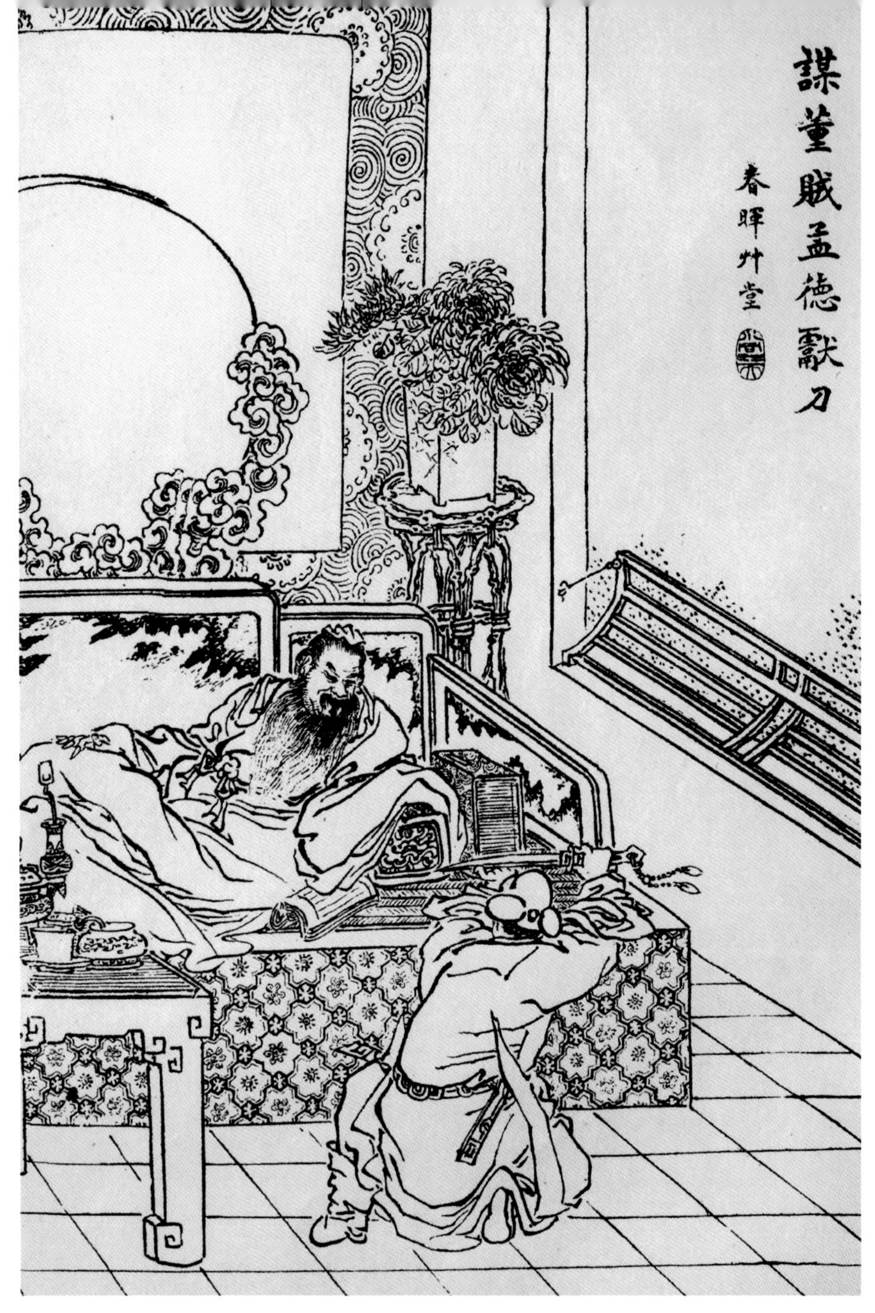

图 5-3-2a　《图像三国志》“谋董贼孟德献刀”粉本（选自 2001 年山西人民出版社《图像三国志》）

图 5-3-2b　孔令旺在颐和园临河殿绘制的“孟德献刀”包袱人物

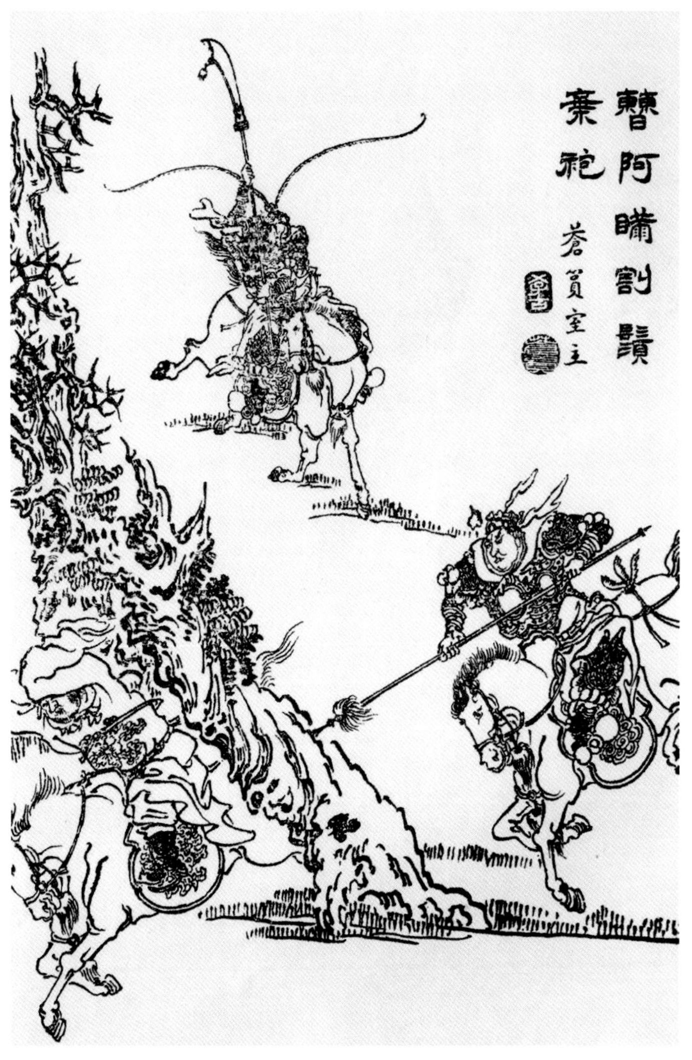

图 5-3-3a　《图像三国志》“曹阿瞒割须弃袍”粉本（选自 2001 年山西人民出版社《图像三国志》）

图 5-3-3b　李作宾在颐和园宿云檐南值房（现新华书店）绘制的“割须弃袍”包袱人物

图 5-3-4a 《图像三国志》“猛张飞智取瓦口隘”粉本（选自 2001 年山西人民出版社《图像三国志》）

图 5-3-4b 穆登科在颐和园鱼藻轩绘制的“智取瓦口隘”包袱人物

图 5-3-5a　《图像三国志》“蔡夫人隔屏听密语”粉本（选自 2001 年山西人民出版社《图像三国志》）

图 5-3-5b　《三国志演义图画》“蔡夫人隔屏听密语”粉本（选自 2007 年上海科学技术文献出版社《图说三国》）

图 5-3-5c　李作宾在颐和园宜芸馆绘制的“隔屏听密语”包袱人物

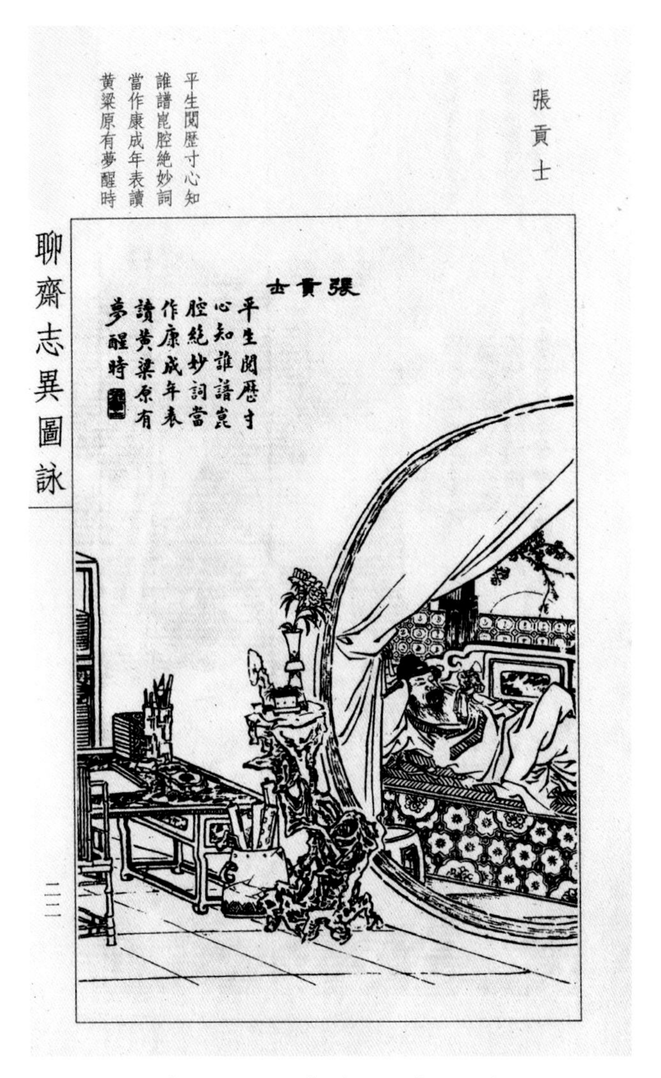

图 5-3-6a　《聊斋志异图咏》“张贡士”粉本（选自上海古籍出版社线装小本《聊斋志异图咏》）

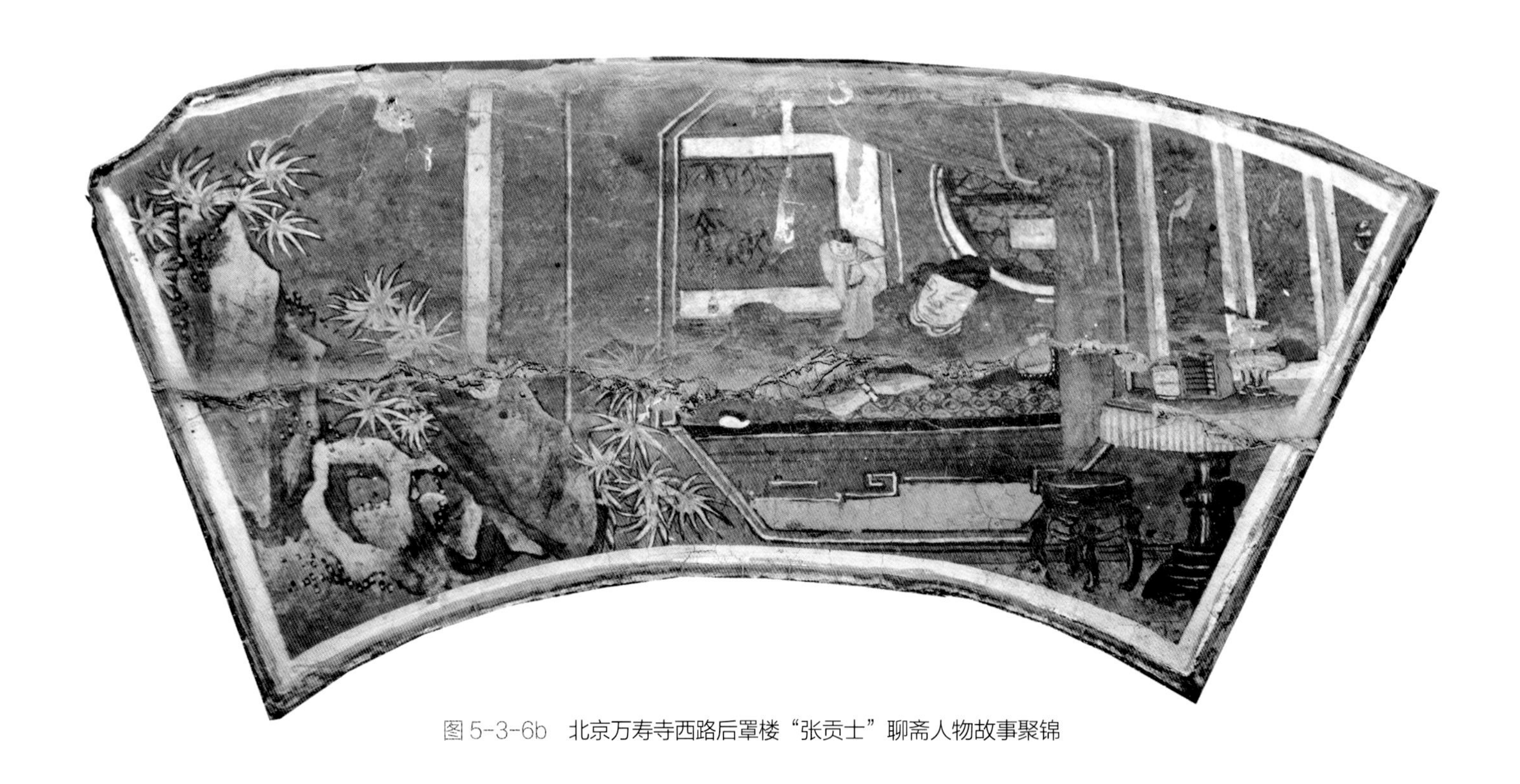

图 5-3-6b　北京万寿寺西路后罩楼“张贡士”聊斋人物故事聚锦

图 5-3-7a　《聊斋志异图咏》“柳秀才”粉本（选自上海古籍出版社线装小本《聊斋志异图咏》）

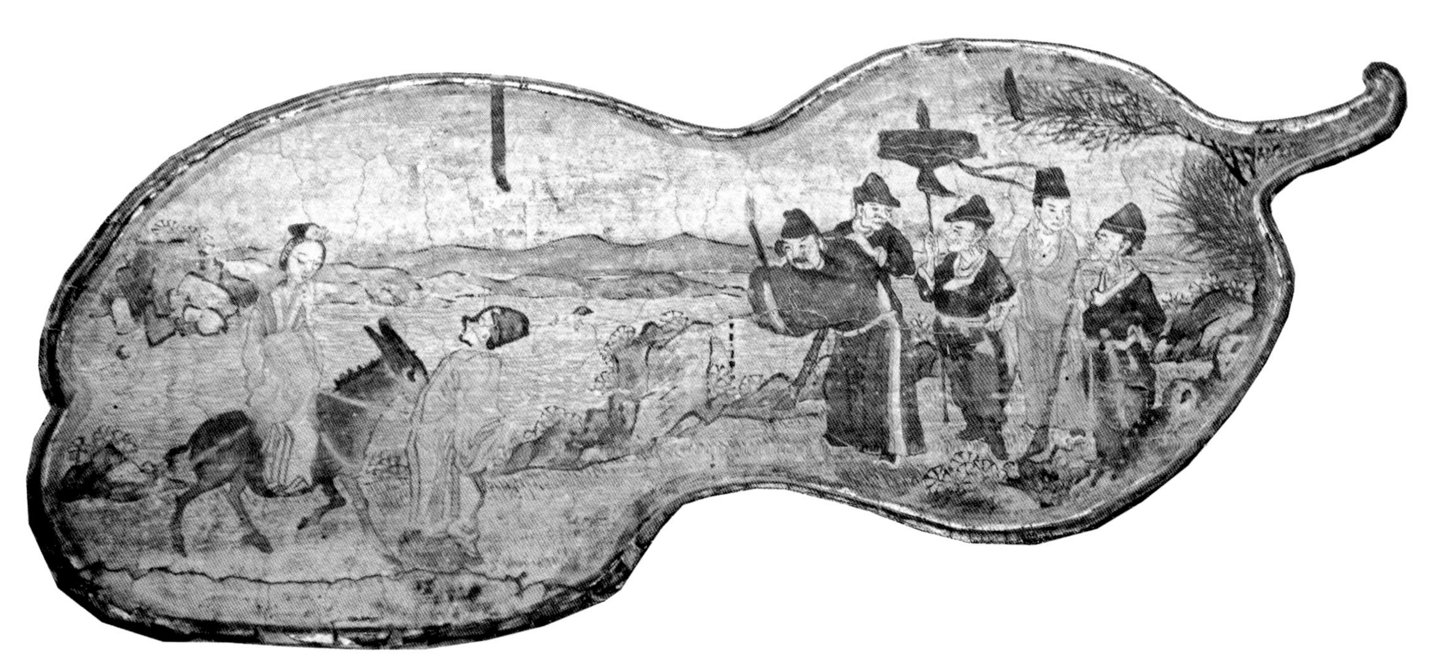

图 5-3-7b　北京万寿寺西路后罩楼“柳秀才”聊斋人物故事聚锦

图 5-3-8a 《聊斋志异图咏》“荷花三娘子”粉本（选自上海古籍出版社线装小本《聊斋志异图咏》）

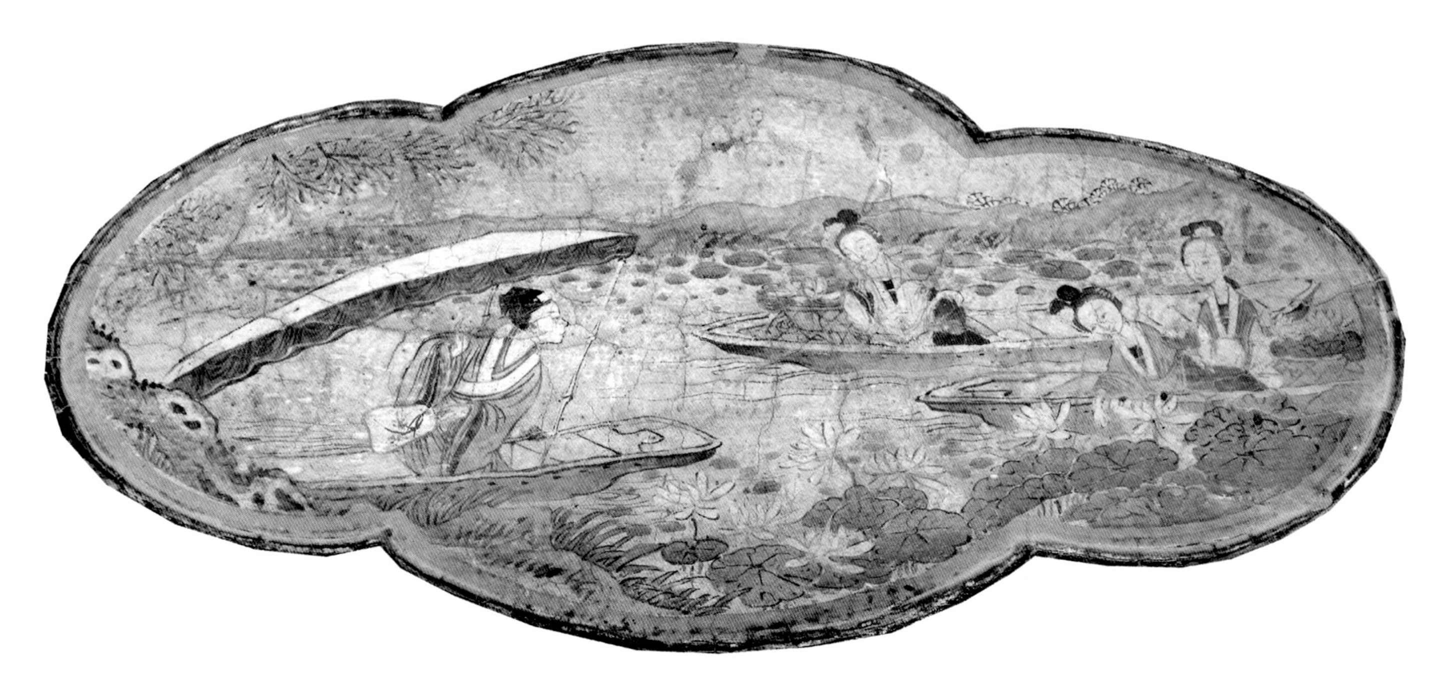

图 5-3-8b 北京万寿寺西路后罩楼“荷花三娘子”聊斋人物故事聚锦

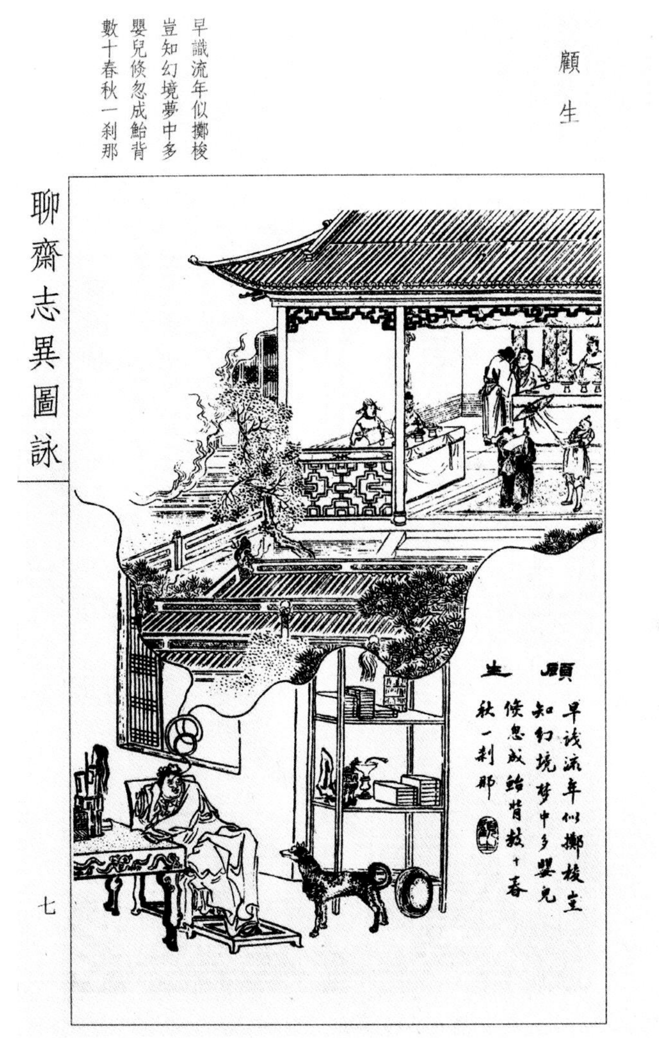

图 5-3-9a　《聊斋志异图咏》“顾生”粉本（选自上海古籍出版社线装小本《聊斋志异图咏》）

图 5-3-9b　北京万寿寺西路后罩楼“顾生”聊斋人物故事聚锦

图 5-3-10a 《聊斋志异图咏》“宧娘”粉本（选自上海古籍出版社线装小本《聊斋志异图咏》）

图 5-3-10b 李作宾在颐和园鱼藻轩绘制的“宧娘”包袱人物

图 5-3-11a 《聊斋志异图咏》“邢子仪”粉本（选自上海古籍出版社线装小本《聊斋志异图咏》）

邢子儀

雙艷忽從天上落
千金依舊窖中藏
非關相術如神驗
禍福由人自主張

图 5-3-11b 李作宾在颐和园北宫门东朝房绘制的“邢子仪”包袱人物

雲蘿公主

土木爲災莫漫嗟
六年琴瑟樂無涯
早爲狼子謀深圈
始信仙人善作家

图 5-3-12a 《聊斋志异图咏》“云萝公主”粉本（选自上海古籍出版社线装小本《聊斋志异图咏》）

图 5-3-12b 孔令旺在颐和园长廊绘制的“云萝公主”包袱人物

图 5-3-13a　《聊斋志异图咏》“番僧”粉本（选自上海古籍出版社线装小本《聊斋志异图咏》）

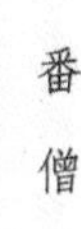

擲來一塔無偏倚
展出雙肱互屈伸
莫訝番僧多異術
喇嘛今亦有奇人

图 5-3-13b　穆登科在颐和园宜芸馆游廊绘制的“番僧”包袱人物

图 5-3-14a 《聊斋志异图咏》“瑞英”粉本（选自上海古籍出版社线装小本《聊斋志异图咏》）

图 5-3-14b 李福昌在颐和园德和园大戏台绘制的“瑞英”包袱人物（张民光摄影）

图 5-3-15a 《聊斋志异图咏》“保住”粉本（选自上海古籍出版社线装小本《聊斋志异图咏》）

图 5-3-15b 李福昌在颐和园德和园大戏台绘制的“保住”包袱人物（张民光摄影）

彭海秋

玉笛新翻薄倖郎
酒闌夢醒客還鄉
綾巾一幅分明在
莫把三年舊約忘

图 5-3-16a 《聊斋志异图咏》“彭海秋”粉本
（选自上海古籍出版社线装小本《聊斋志异图咏》）

图 5-3-16b 陆弘在颐和园乐寿堂西配殿绘制的“彭海秋”廊心人物

花神

花宮折節禮才人
草檄爭誇筆墨新
自此封姨應斂迹
年年留得十分春

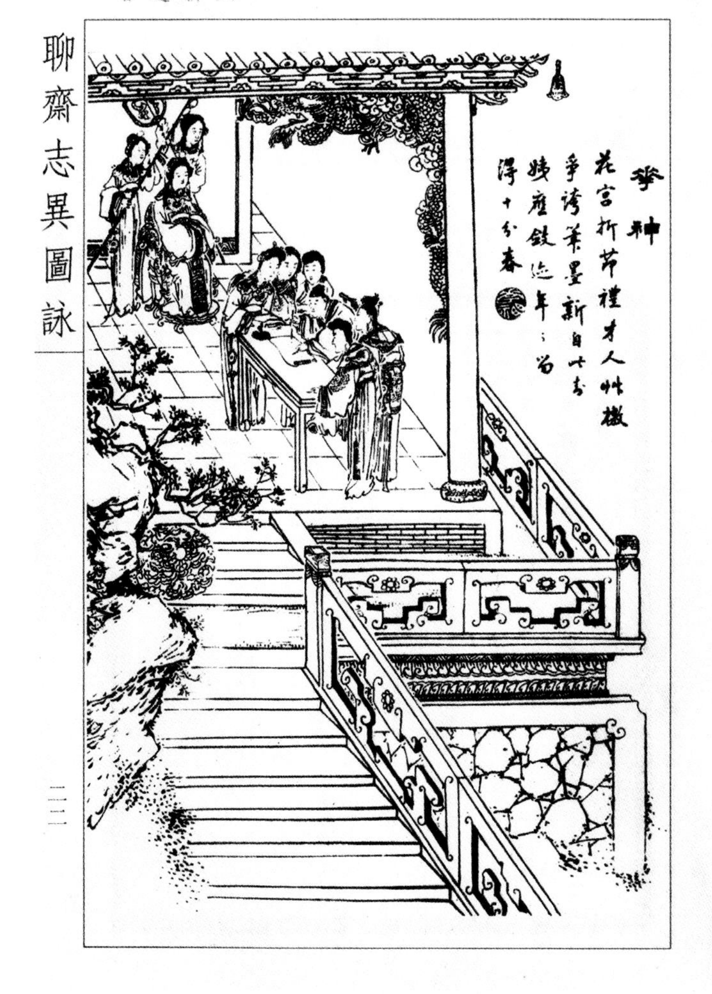

图 5-3-17a　《聊斋志异图咏》“花神”粉本
（选自上海古籍出版社线装小本《聊斋志异图咏》）

图 5-3-17b　张京春在颐和园乐寿堂西配殿绘制的“花神”廊心人物

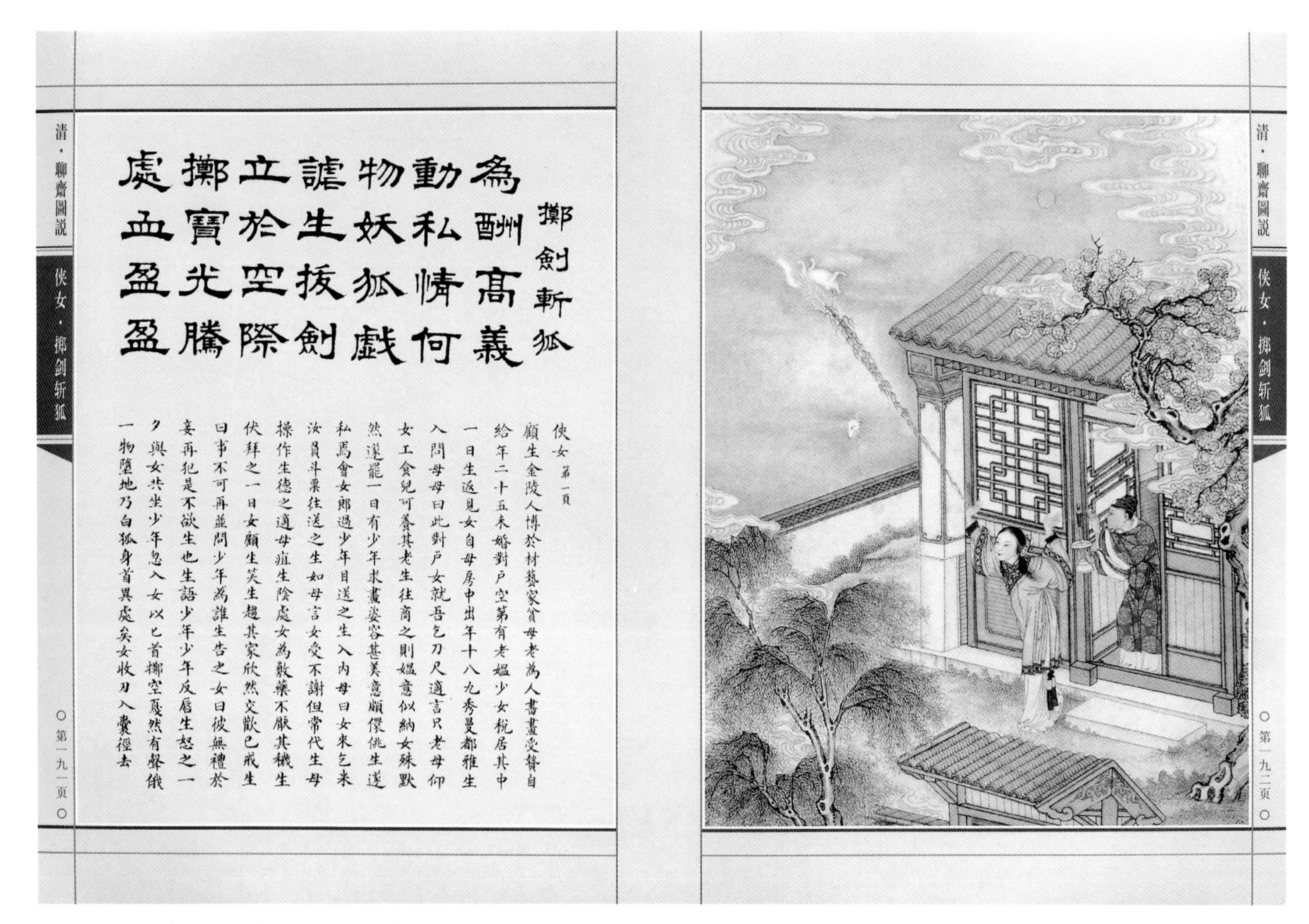
清·聊齋圖說

俠女·擲劍斬狐

擲劍斬狐

為酬高義動私情
何物妖狐戲謔生
扱劍立於空際擲
寶光騰處血盈盈

俠女 第一頁

顧生金陵人博於材藝家貧母老為人書畫受贄自給年二十五未婚對戶空第有老媼少女稅居其中一日生返見女自母房中出年十八九秀曼都雅生入問母母曰此對戶女就吾乞刀尺適言只老母仰女工食兒可養其老生往商之則媼意似納女殊默然遂罷一日有少年求畫姿容甚美意頗儇佻生遂私焉會女郎過少年目送之生入內母曰女來乞米汝負斗粟往送之生如母言女受不謝但常代生母操作生德之適母疽生陰處女為敷藥不厭其穢生伏拜之一日女顧生笑生趨其家欣然交歡已戒生曰事不可再並問少年為誰生告之女曰彼無禮於妾再犯是不欲生也生語少年少年反唇生怒之一夕與女共坐少年忽入女以匕首擲空戛然有聲俄一物墮地乃白狐身首異處矣女收刃入囊徑去

○第一九一页○

清·聊齋圖說

俠女·擲劍斬狐

○第一九二页○

图 5-3-18a　《聊斋图说》“侠女”粉本（选自 2015 年北京艺术与科学电子出版社《清·聊斋图说全图》）

图 5-3-18b　北京万寿寺西路后罩楼聊斋人物“侠女”聚锦人物

图 5-3-19a 《新说西游记图像》第六回“观音赴会问原因　小圣施威降大圣”插图粉本（选自 1985 年北京市中国书店《新说西游记图像》）

图 5-3-19b　孔令旺在颐和园谐趣园绘制的“大闹天宫”包袱人物

图 5-3-20a　唐僧绣像
（选自 1985 年北京市中国书店《新说西游记图像》）

图 5-3-20b　孙悟空绣像
（选自 1985 年北京市中国书店《新说西游记图像》）

图 5-3-20c　猪八戒绣像
（选自 1985 年北京市中国书店《新说西游记图像》）

图 5-3-20d　沙僧绣像
（选自 1985 年北京市中国书店《新说西游记图像》）

图 5-3-21a　《新说西游记图像》第五回“乱蟠桃大圣偷丹　凡天宫诸神捉怪”插图粉本（选自 1985 年北京市中国书店《新说西游记图像》）

图 5-3-21b　刘继卣“蟠桃园内问真情”年画（刘继卣 1956 年《闹天宫》年画）

图 5-4-1a　1901 年故宫太和门原状内檐“龙草和玺”彩画（选自《清代北京皇城写真帖》）

图 5-4-1b　故宫太和门现状内檐“金龙和玺”彩画

图 5-4-2a 1900 年天坛祈年殿原状内檐彩画（选自紫禁城出版社《帝京旧影》）

图 5-4-2b　天坛祈年殿环状内檐彩画

图 5-4-3a 1901 年颐和园“云辉玉宇”牌楼原状和玺彩画（选自日本小川一真《北京皇城写真帖》）

图 5-4-3b 2005 年修复的颐和园“云辉玉宇”牌楼旋子彩画

图 5-4-4a　1933 年颐和园“荇亭”牌楼“龙龙方心”原状旋子彩画（斯提芬 1933 年摄）

图 5-4-4b　颐和园“荇亭”牌楼“龙锦方心”现状旋子彩画

图 5-4-5a　光绪年间颐和园玉澜堂原状彩画（选自 1940 年北京特别市公署《北京景观》）

图 5-4-5b　颐和园玉澜堂 2013 年现状彩画

图 5-4-6　1990 年颐和园澹宁堂修复的清中期苏式彩画

图 5-4-7　2002 年修复的北京香山公园“香雾窟”清中期苏式彩画

图 5-4-8a　李作宾在颐和园谐趣园饮绿亭绘制的“唐明皇游月宫”迎风板人物

图 5-4-8b　北京万寿寺西路正房“唐明皇游月宫”包袱人物

图 5-4-9a　李作宾在颐和园鱼藻轩绘制的“闻雷惊箸”包袱人物

图 5-4-9b　承德避暑山庄康熙三十六景之“曲水荷香”亭“闻雷惊箸”包袱人物

图 5-4-10a 李福昌在颐和园山色湖光共一楼西爬山廊绘制的“和合二仙”包袱人物

图 5-4-10b 张民光在颐和园德和园颐乐殿绘制的“和合二仙”廊心人物

图 5-4-11a 青海乐都瞿昙寺隆国殿前檐步外檐清代“双池子地方彩画”

图 5-4-11b　青海乐都瞿昙寺隆国殿前檐步内檐明代“两色花心明式彩画”

图 5-4-11c　青海乐都瞿昙寺隆国殿后檐步西北角外檐明式彩画

图 5-4-12a　青海乐都瞿昙寺大鼓楼内檐“墨线明式彩画”

图 5-4-12b 青海乐都瞿昙寺大钟鼓楼外檐“墨线明式彩画”复原白描图（李燕肇弟子江永良绘制）

图 5-4-12c 青海乐都瞿昙寺大钟鼓楼外檐“墨线明式彩画”复原式样（李燕肇弟子江永良绘制）

图 5-5-1a　明·戴进《三顾茅庐图》粉本（选自刘岳《中国典故 80 美例》）

图 5-5-1b　刘凌沧“三顾茅庐”绘画（选自《荣宝斋画谱》五十二）

图 5-5-1c　李作宾在颐和园眺远斋绘制的“三顾茅庐”包袱人物

图 5-5-2a　2006 年天津人民美术出版社《康熙御制耕织图》耕图二

图 5-5-2b　王素“耕图”之一（选自光绪戊申上海育文书局石印《古今名人画稿》）

图 5-5-3a　2006 年天津人民美术出版社《康熙御制耕织图》织图二十

图 5-5-3b　王素“织图”之一（选自光绪戊申上海育文书局石印《古今名人画稿》）

图5-5-4a　王素“耕图”粉本之一（选自光绪戊申上海育文书局石印《古今名人画稿》）

图5-5-4b　颐和园耕织图“耕图”包袱人物

图 5-5-5a　王素“织图”粉本之一（选自光绪戊申上海育文书局石印《古今名人画稿》）

图 5-5-5b　颐和园耕织图“织图”包袱人物

图 5-5-6a 钱慧安“欲穷千里目，更上一层楼”粉本（选自宣统三年《钱吉生人物画谱》）

图 5-5-6b 李作宾在颐和园长廊绘制的“登鹳雀楼”包袱人物

图 5-5-7a　钱慧安“三到瑶池”粉本（选自宣统三年《钱吉生人物画谱》）

图 5-5-7b　李作宾在颐和园谐趣园湛清轩绘制的“三到瑶池”包袱人物

图 5-5-8a　任伯年“梅妻鹤子”人物绘画粉本（1978 年人民美术出版社《任伯年画辑》）

图 5-5-8b　李作宾 1959 年在颐和园长廊绘制的“梅妻鹤子”聚锦人物

图 5-5-9a 《任伯年画辑》封面粉本 (1978 年人民美术出版社《任伯年画辑》)

图 5-5-9b 李作宾在颐和园长廊绘制的“承彦桥归”包袱人物

图 5-5-10a 任伯年“苏武牧羊”粉本
（摩自《荣宝斋画谱》清·任颐绘人物）

图 5-5-10b 李作宾在颐和园长廊绘制的“苏武牧羊”包袱人物

图 5-5-11a　任伯年“柳塘双舟”粉本（1978 年人民美术出版社《任伯年画辑》）

图 5-5-11b　李作宾在颐和园长廊绘制的“柳塘双舟”包袱人物

图 5-5-12a 吴友如“蓝桥奇遇”粉本
（选自 1926 年上海世界书局《吴友如百美画谱》）

图 5-5-12b 天津画师在颐和园长廊绘制的“蓝桥仙窟”包袱人物

图 5-5-13a　吴友如“代父戍边”粉本
（选自 1926 年上海世界书局《吴友如百美画谱》）

图 5-5-13b　孔令旺在颐和园宜芸馆绘制的“替父从军”包袱人物

图5-5-14a　潘振镛“踏雪寻梅”粉本（选自上海大东书局《近代名画大观》）

图5-5-14b　李作宾在颐和园长廊绘制的“踏雪寻梅”包袱人物

图 5-5-15a　潘振镛“湘云醉卧”粉本（选自上海大东书局《近代名画大观》）

图 5-5-15b　李作宾在颐和园长廊绘制的“湘云醉卧”包袱人物

图 5-5-16b 孔令旺在颐和园谐趣园涵远堂绘制的“皆大欢喜”迎风板人物

图 5-5-16a 李作宾在颐和园谐趣园涵远堂绘制的“紫气东来”迎风板人物

图 5-5-17a　何逸梅“鹭”绘画粉本（1956 年上海画片出版社散页画片）

图 5-5-17b　杨继民在颐和园长廊绘制的“白鹭”包袱花鸟

图 5-5-18a 何逸梅“小白兔”绘画粉本
（1956 年上海画片出版社散页画片）

图 5-5-18b 杨继民在颐和园长廊绘制的“小白兔”包袱翎毛

图 5-5-19a 蔡铣仕女四扇屏之“晓起提筐过翠畴”粉本（选自长城出版社《海上名家绘画选集》下）

图 5-5-19b　李作宾在颐和园长廊绘制的“晓起提筐过翠畴”包袱人物

图 5-5-20a 蔡铣仕女四扇屏之“晓来常自伴梳头”粉本（选自长城出版社《海上名家绘画选集》下）

图 5-5-20b 李作宾在颐和园长廊绘制的“晓来常自伴梳头”包袱人物

图 5-5-21b　李作宾在颐和园长廊绘制的“茜窗姐妹弄瑶琴”包袱人物

图 5-5-21a　蔡铣仕女四扇屏之“茜窗姐妹弄瑶琴”粉本（选自长城出版社《海上名家绘画选集》下）

图 5-5-22a 刘凌沧“西园论艺”粉本（选自《荣宝斋画谱》五十二）

图 5-5-22b 张京春在颐和园乐寿堂东配殿绘制的“西园论艺”廊心人物

图5-5-23a　刘凌沧“京兆画眉”绘画粉本（选自《荣宝斋画谱》五十二）

图5-5-23b　张民光在颐和园澹宁堂绘制的“张敞画眉”廊心人物

图5-5-24a 任率英“天女散花”年画粉本（选自中国书店《任率英年画精品选》）

图5-5-24b 北京香山公园见心斋“天女散花”落墨廊心人物

图 5-5-25b　北京香山公园见心斋“嫦娥奔月”落墨廊心人物

图 5-5-25a　任率英“嫦娥奔月”年画粉本（选自中国书店《任率英年画精品选》）

图 5-5-26a 万一“迎风展翅”粉本
（张民光收藏的 1959 年北京出版社
《北京中国画选》）

图 5-5-26b 颐和园长廊“迎风展翅”包袱花鸟

图 5-5-27b　马玉梅在颐和园乐寿堂绘制的“玉堂孔雀”迎风板花鸟

图 5-5-27a　田世光“杜鹃孔雀”绘画粉本（张民光收藏的1959 年北京出版社《北京中国画选》）

图 5-6-1a 任率英《白蛇传》年画第 2 图粉本（选自 1954 年人民美术出版社《白蛇传》四条屏年画）

图 5-6-1b 孔令旺在颐和园宜芸馆绘制的“西湖奇遇”包袱人物

图 5-6-2a 任率英《白蛇传》年画第 14 图粉本（选自 1954 年人民美术出版社《白蛇传》四条屏年画）

图 5-6-2b 孔令旺在颐和园宜芸馆绘制的“合钵”包袱人物

图 5-6-3a 刘继卣《闹天宫》年画之“醉罢瑶池食仙丹”粉本（选自 1956 年人民美术出版社《闹天宫》四条屏年画）

图 5-6-3b 颐和园长廊“偷喝御酒”包袱人物

图 5-6-4a 刘继卣《闹天宫》年画之“齐天大圣战神兵”粉本（选自 1956 年人民美术出版社《闹天宫》四条屏年画）

图 5-6-4b 李作宾在颐和园长廊留佳亭绘制的“大闹天宫”迎风板人物（选自 1996 年外文出版社《颐和园长廊彩画故事精选》）

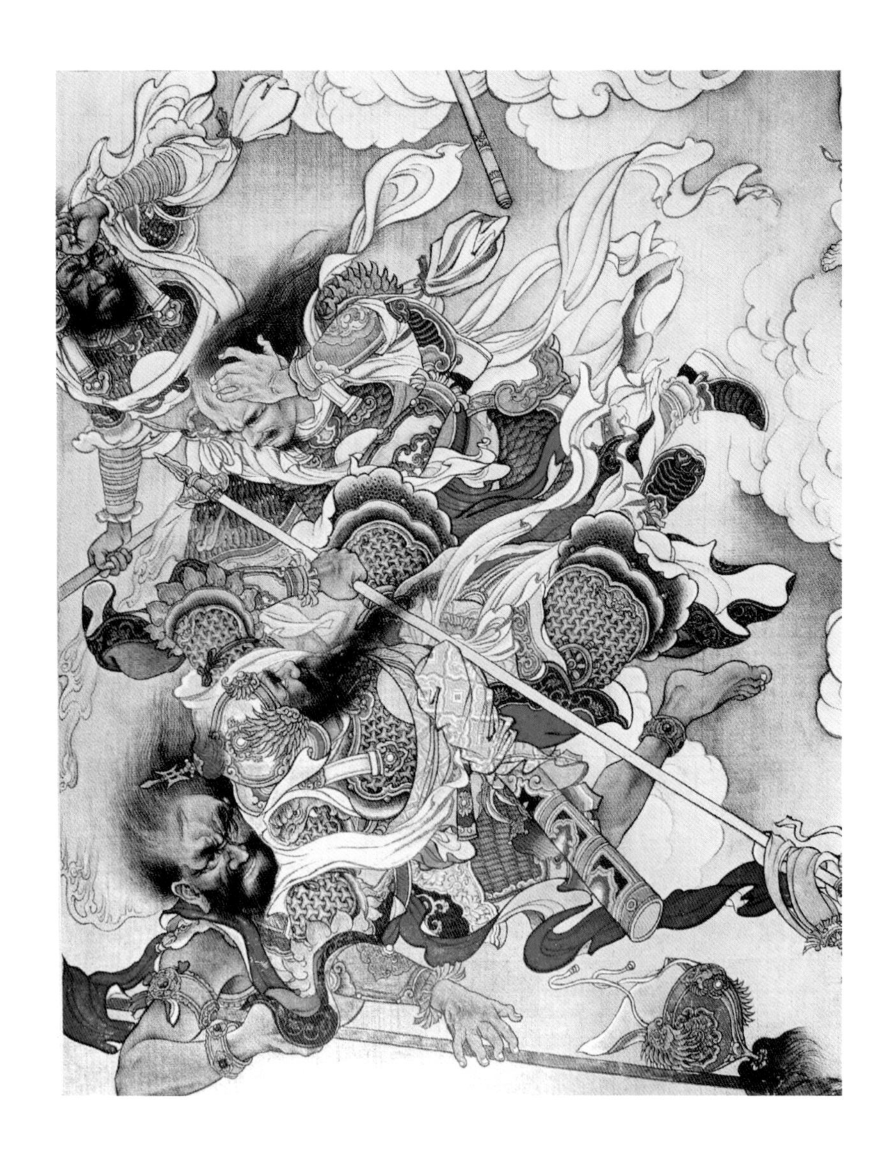

图 5-6-4c　刘继卣《闹天宫》组画第三图局部（选自《荣宝斋画谱》五十四）

图 5-6-4d　李作宾在颐和园长廊留佳亭绘制的"大闹天宫"迎风板人物局部（选自 1996 年外文出版社《颐和园长廊彩画故事精选》）

第六章

颐和园连环画（小人书）粉本

“连环画”，是对故事情节用多幅画面表现的一种绘画形式。这种形式最早可追溯到汉代画像砖和魏代敦煌壁画的佛教故事。“连环画”作为独立画种，出现于民国初年。20 世纪 20 年代，上海大世界书局出版了 5 部冠以“连环图画”的作品：《连环图画三国志》《连环图画水浒》《连环图画西游记》《连环图画封神榜》《连环图画岳飞传》。连环画的鼎盛时期是 20 世纪 50 年代新中国成立后出版的连环画，俗称“小人书”。小人书种类繁多，以白画为主，兼以黑白、彩色等。这些小人书除各大名著外，亦有民间传说、寓言故事、戏剧、电影等，是伴随几代人成长的通俗读物，对颐和园苏式彩画人物绘画的影响颇大，长廊、宜芸馆、谐趣园、佛香阁和排云殿游廊等处有很多人物绘画是以连环画为粉本绘画的，连环画在颐和园苏式彩画中占有一席重要位置。

连环画的画面都是横画幅的，相对竖画幅的传统粉本在包袱和聚锦绘画的应用上非常适宜，首先解决了“经营位置”问题，在“六法”中只考虑“随类敷彩”就可以了。彩色连环画问世后，作为彩画绘画粉本则更为方便。因此受到画师的青睐，被广泛地应用于苏式彩画的人物绘画上。

颐和园自 1954 年开始连环画粉本的应用，经过长达 60 多年时间的验证，得到各界人士和广大游人的认同，取得了非常好的社会效益。开创了新的粉本形式，扩大了粉本的范围，故用一章篇幅加以介绍。

第一节 《东周列国志》连环画粉本

《东周列国志》之《孙庞斗智》连环画是颐和园苏式彩画人物绘画的粉本之一，首先应用于颐和园贵寿无极，其次用于清华轩西九间。

一、李福昌首创连环画粉本人物绘画

1954 年，颐和园贵寿无极重新油漆彩画，于当年 10 月竣工。贵寿无极有一幅李福昌的“孙庞斗智”包袱人物，笔者寻找其粉本，从连环画《东周列国》中找到了答案。李福昌的“孙庞斗智”包袱人物与上海人民美术出版社《东周列国》连环画第 24 册《孙庞斗智》第 96 图的构图、人物、配景等完全一致。第 96 图下说明：“这马陵道在两山中间，道旁净是险恶的隘谷和密密的树林。孙膑叫兵士们把树木砍倒，把道路阻塞起来，只留下一棵大树，把树身刨白，写了几个字在上面。”写在树上的字是：“庞涓死此树下”六个大字。经研究后发现，《孙庞斗智》连环画最早的版本是上海人民美术出版社 1954 年 1 月和 1954 年 3 月发行的版本，其次是新美术出版社 1954 年 6 月的版本。在《孙庞斗智》连环画发行的当年便作为贵寿无极苏式彩画人物绘画粉本，可谓与时俱进（图 6-1-1a、图 6-1-1b）。

连环画作为苏式彩画人物绘画粉本是李福昌画师于 1954 年率先在颐和园贵寿无极使用的，他是连环画粉本使用的第一人。

二、清华轩西九间《孙庞斗智》连环画粉本绘画

清华轩西九间以《孙庞斗智》连环画为粉本绘画了两幅包袱人物：

1. 孙庞相会

《孙庞斗智》第 20 图说明：“孙膑到了魏国，会到庞涓。庞涓假装亲热，把他安顿在自己家里。”画面上庞涓言道：“你到底来了，真望得我好苦呀！”孙膑答道：“多谢贤弟一番好心。”清华轩西九间有以《孙庞斗智》连环画第 20 图为粉本绘画的“孙庞相会”包袱人物（图 6-1-2a、图 6-1-2b）。

2. 庞涓中计

《孙庞斗智》第 89 图说明：“庞涓无法取胜，正感烦恼，忽然接到报告，说齐兵已进入国境，正向大梁进兵。庞涓听了，又惊又恨，只得下令连夜退兵，回救本国。”画面上庞涓恶狠狠地说道：“可恨，可恨！这一次大功又给齐人破坏了。”庞涓撤兵正好中了孙膑的调虎离山之计。清华轩西九间有以《孙庞斗智》连环画第 89 图为粉本绘画的“庞涓中计”包袱人物（图 6-1-3a、图 6-1-3b）。

第二节 《三国演义》连环画粉本

颐和园以《三国演义》连环画为粉本的人物绘画最多，有《凤仪亭》《战宛城》《白门楼》《千里走单骑》《走马荐诸葛》《三顾茅庐》《长坂坡》《战长沙》《定军山》《天水关》《智取陈仓》等。现重点介绍几本：

一、《凤仪亭》连环画粉本人物

《凤仪亭》，上海人民美术出版社，1959 年 9 月第 1 版，三国演义连环画之六，由胡雁改编，徐正平、徐正方绘画。上

集《跨江击刘表》，“本集叙述董卓胁迫汉献帝建都长安后，倚吕布为心腹，凶横暴虐，大臣都敢怒而不敢言。司徒王允运用‘连环计’，离间董卓、吕布关系，使吕布除掉董卓的故事。”（本集内容提要）《三国演义》第八回“王司徒巧使连环计，董太师大闹凤仪亭”是人们最熟悉和喜闻乐见的章回。孔令旺以《凤仪亭》连环画为粉本在长廊绘画了两幅包袱人物。

1. 貂蝉惊跪

连环画《凤仪亭》第10图说明：“王允暗想：貂蝉从小选入府中，我一向待她像亲生女儿一样，为何深夜不睡，叹息连声。便高声喝问：‘深夜在此长吁短叹，莫非有什么私情？’貂蝉吃了一惊，连忙跪下。”孔令旺以此图为粉本于长廊绘制了“貂蝉惊跪”包袱人物（图6-2-1a、图6-2-1b）。

2. 吕布会貂蝉

连环画《凤仪亭》第52图注释：“吕布心乱如麻，一时答不出话来。同时又恐时间一长，引起董卓怀疑，便说：‘我是偷空赶到这里来的，恐怕老贼见疑，我要走了。’说着便跨下石阶，却被貂蝉牵住衣襟。”貂蝉说道：“将军这样惧怕老贼，那我就没有出头的日子了！”吕布言道：“待我慢慢设法。”孔令旺以此图为粉本于长廊绘制了“吕布会貂蝉”包袱人物，完全忠实于粉本，园林景观秀美，情景交融（图6-2-2a、图6-2-2b）。

二、《战宛城》连环画粉本人物

《战宛城》，上海人民美术出版社1957年9月第1版，三国演义连环画之十一，由吉志西改编，陈履平绘画。上集为《辕门射戟》，“本集叙曹操收降张绣，屯兵宛城，因为骄慢荒淫，失去了人心，被张绣夜袭击败，折了大将典韦，逃回许都……。”（本集内容提要）孔令旺以《战宛城》为粉本绘画了3幅包袱人物，2幅在长廊，1幅于宜芸馆。

连环画册《战宛城》第32图注释：“不料张秀兵从寨后杀入，一将飞马抡抢，猛刺典韦后心。典韦大叫一声，倒在血泊中。”孔令旺以此为粉本在宜芸馆游廊绘画了“典韦被刺”短小精悍的包袱人物（图6-2-3a、图6-2-3b）。

三、《白门楼》连环画粉本人物

《白门楼》，上海人民美术出版社，1988年12月第1版，三国演义连环画之十三，由王星北改编，汤义北绘画。上集《战宛城》，“本集叙曹操联结陈珪父子为内应，袭取了徐州、小沛，把吕布包围在下邳城中。吕布迷恋妻妾，虐待士卒，众将怨恨，把他缚献曹操，被勒死在白门楼下。”（本集内容提要）颐和园中有以《白门楼》连环画第24图和第84图为粉本绘画的包袱人物。现介绍其中的“貂蝉泣劝吕布”包袱人物：

下邳城被水淹后，吕布“乃日与妻妾痛饮美酒，因酒色过伤，形容销减”。介寿堂东九间的“貂蝉泣劝吕布”包袱人物，表现吕布大势已去，貂蝉安抚丈夫时的情景。粉本源于三国演义连环画《白门楼》第84图。图下注释：“严氏一听，含着眼泪说：‘将军孤军远出，万一有个好歹，怎办？’吕布心乱如麻，瞅着严氏说不出话来。”（图6-2-4a、图6-2-4b）。

四、《走马荐诸葛》连环画粉本人物

《三国演义》上海人民美术出版社，1957年12月第1版，连环画二十之《走马荐诸葛》由潘勤孟改编，汪玉山绘画。上集《马跃檀溪》，“本册叙刘备拜徐庶为军师，大破曹军，曹操拘囚徐母，骗到笔记，伪造书信，招降徐庶。徐庶要救老母，只得向刘备告辞，临走，推荐诸葛孔明的才能，指点刘备请他出来辅助。”（本集内容提要）

李作宾在颐和园长廊绘制的“走马荐诸葛”包袱人物，在创作的过程中借鉴了本集第79图徐庶跑马于石桥上的画面。第79图注释：“徐庶感到老大没趣，只得上马离开了卧龙岗，急急向许昌赶路。”粉本描写徐庶到卧龙岗，劝孔明辅佐刘备未果，急于赶路的情景。此图被李作宾借用在“走马见诸葛”包袱人物绘画中，使画面更为生动（图6-2-5a、图6-2-5b）。

五、《战长沙》连环画粉本人物

《三国演义》上海人民美术出版社，1957年10月第1版，三国演义连环画二十八之《战长沙》，改编：王星北，绘画：盛焕文、曹同遐、李福宝。上集《取南郡》，“本集叙诸葛亮分遣诸将，进取零陵、桂阳、武陵、长沙四郡。关羽在长沙城下大战黄忠，互生企慕……”（本集内容提要）穆登科老画师以连环画《战长沙》为粉本绘画了“义释黄忠”和“箭射盔缨”两幅包袱人物，现介绍其中一幅。

义释黄忠：黄忠追赶关羽，马失前蹄，被掀翻在地。《战长沙》第50图：“黄忠自知难免一死，谁知云长双手举刀猛喝，却没有砍下来（第50图说明）。”关羽言道：“我且饶你性命！快换马来！”穆登科画师以初版连环画《战长沙》第50图为粉本于宜芸馆绘画了“义释黄忠”包袱人物，绘画精细，敷色清雅，表现关羽宽宏大度的仁义之举（图6-2-6a、图6-2-6b）。

六、《定军山》连环画粉本人物

李作宾在谐趣园澄爽斋绘制的“黄忠请战”包袱人物，在《定军山》连环画及其他各种画谱中都找不到相对应的粉本，是以《天水关》连环画第27图为粉本绘画的。第27图注释："赵云厉声道：'我跟了先帝，南征北讨，从未落后。大丈夫死于疆场，才是善终。我愿为前部先锋！'诸葛亮再三苦劝，赵云执意要去。"粉本实为"赵云请战"，被李作宾转换成"黄忠请战"。绘画题材的转换取决于最右边的人是谁：右边坐着刘备时，帅案坐着的是庞统，老将便是黄忠；右边站立一个侍从时，坐着的是诸葛亮，老将便是赵云。李作宾用《天水关》粉本展现《定军山》内容，开创了移花接木利用粉本的先河（图6-2-7a、图6-2-7b）。

第三节

《西游记》连环画粉本

《西游记》是苏式彩画传统绘画的重要题材，光绪年间西宫门值房苏式彩画中还保留着"孙悟空大战牛魔王"聚锦人物。《西游记》题材在颐和园苏式彩画人物绘画中占有重要一席，主要集中于宜芸馆、谐趣园和长廊。以《西游记》连环画为粉本的绘画有《水帘洞》《三打白骨精》《火焰山》《假西天》《大闹天宫》《无底洞》等。

一、《水帘洞》连环画粉本人物：

《水帘洞》，刘继卣编绘，人民美术出版社1978年第一版第二次印刷版本内容说明："明代名小说家吴承恩的巨著《西游记》由于想象丰富伟丽，创造了坚强、勇敢、机智、风趣的孙悟空和无数神奇的人物，四百多年来成为我国儿童和广大群众所喜爱的神话。根据这部古典小说有关章节编绘的连环画《水帘洞》，表现刚出世的孙悟空一段盎然有趣的斗争生活。……"这本小人书帮助我们解读了李远在颐和园长廊绘制的3幅包袱人物。

1."石猴眨眼惊玉皇"

这一绘画被诸多介绍长廊彩画故事的书籍选录，但没有一本书是正确的，均称之为"登池上楼"。这一题材选自刘继卣编绘的《水帘洞》第6图。第5图文字："可是石猴的两只眼睛，眨了几眨，竟射出两道奇异的金光，笔直的冲向天上。"第6图文字："天上，玉皇大帝正在睡觉，被这两道金光惊醒了。"因此，这幅包袱人物命名"石猴眨眼惊玉皇"（图6-3-1a、图6-3-1b)；

2."石猴跳出水帘洞"

是李远以刘继卣的《水帘洞》连环画封面和第27图为粉本绘画的。这幅绘画看上去都会认定是一幅包袱走兽，实则不然，这是孙悟空出世后和猕猴一起生活，发现了水帘洞从洞中跳出时的情景。这幅包袱走兽实为人物绘画，是石猴成为"美猴王"的开始，因此，这一包袱绘画定名为"美猴王跳出水帘洞"（图6-3-2a、图6-3-2b）。

"石猴眨眼惊玉皇""千里眼和顺风耳"与"美猴王跳出水帘洞"3幅包袱人物，如果不知道刘继卣编绘的《水帘洞》连环画册，找不到李远绘画依据的粉本，就不能准确地进行解读，更不会将"美猴王跳出水帘洞"列入人物绘画范畴。

二、《孙悟空三打白骨精》连环画粉本人物

《孙悟空三打白骨精》，由王星北改编，赵宏本、钱笑呆绘画，人民美术出版社2007年9月第1版版本。以《孙悟空三打白骨精》连环画为粉本的人物绘画是张京春、陆弘、常凤奇3位画师绘画的8幅包袱人物，现选录长廊中的2幅。

1."三打白骨精"之一

取自连环画"一八"和"一九"两个画面。"一八"图说明："一眨眼功夫，岩石背后走出一位年轻的女子，她鬓插几枝山花，手提一篮馒头，口念佛语，满脸堆笑地向唐僧他们走来。""一九"图说明："八戒勉强闭着眼睛，忽然听到清脆的念佛声，闻到香喷喷的馒头味，不由满心欢喜地睁开眼站了起来。"张京春将两个画面有机地组合，浓缩粉本精华绘画了包袱人物(图6-3-3a、图6-3-3b、图6-3-3c)。

2."三打白骨精"之二

取自连环画"六一"图："悟空举棒又打。唐僧一把抓住悟空：'好！要打就往我这打。'那妖精又火上加油，哭着说：'你们打死我妻儿，还要加害老汉，好狠的心啊！'"陆弘遵照此粉本于长廊绘画了包袱人物，因包袱的局限将八戒和沙僧的位置作了调整（图6-3-4a、图6-3-4b）。

三、《火焰山》连环画粉本人物

颐和园共有《火焰山》粉本人物绘画6幅，其中，谐趣园1幅，长廊5幅。粉本采用上海人民美术出版社1954年6月第1版版本，由良士改编，徐宏达绘画。现介绍其中2幅绘画。

1.《火焰山》之一

第39图说明："悟空现了原身，从女童手中接过扇子，向铁扇公主道谢。"孔令旺以《火焰山》第39图为粉本于长廊绘画了"一借芭蕉扇"包袱人物（图6-3-5a、图6-3-5b）。

2.《火焰山》之二

第 95 图说明："铁扇公主听说丈夫已被捉住，吓得心慌脚软，急忙走出洞门，向悟空求情。白牛就叫道：'夫人，快拿扇子出来救我性命！'"孔令旺以《火焰山》第 95 图为粉本于长廊绘画了"三借芭蕉扇"包袱人物（图 6-3-6a、图 6-3-6b）。

四、《假西天》连环画粉本人物

颐和园彩画绘画采用的《假西天》粉本是 1956 年 5 月上海人民美术出版社版本，由吴其柔改编，徐宏达绘画。包袱人物绘画 4 幅，均为孔令旺作品。3 幅依据粉本绘画，1 幅由孔令旺创作。其中谐趣园 3 幅，眺远斋 1 幅。现介绍其中 2 幅。

1.《假西天》之一

第 40 图说明："谁知那妖王一点不怕，一手使狼牙棒；一手去腰间解下一个旧布袋，往上一抛，'哗'的一声响，把悟空、二十八宿和四方游神全都收了进去。"孔令旺以《假西天》第 40 图为粉本，于谐趣园绘画了"布袋收兵将"包袱人物。与粉本不同的是，孔令旺让悟空飞出了布袋（图 6-3-7a、图 6-3-7b）。

2.《假西天》之二

孔令旺以《假西天》第 73 图为粉本于眺远斋绘画了"悟空战妖王"包袱人物。粉本上的说明是："妖王道：'也罢！也罢！我就不用口袋，与你比个高低。'举起狼牙棒，纵身打来。"（图 6-3-8a、图 6-3-8b）。

五、《大闹天宫》连环画粉本人物

《大闹天宫》版本众多，有《闹天宫》《大闹天宫》《孙悟空大闹天宫》等，既有白描，也有彩色，还有卡通版本。用于颐和园苏式彩画粉本是新美术出版社 1955 年 11 月第 1 版《大闹天宫》白描版本。编绘：陈光镒。颐和园有 7 幅包袱人物是以《大闹天宫》连环画为粉本绘画的，还有烟台毓璜顶、潭柘寺行宫院等地方的绘画。现介绍 4 幅以《大闹天宫》连环画为粉本的经典彩画绘画作品。

1. 凌霄宝殿

孙悟空"来到灵霄宝殿，太白金星上前跪拜缴旨，悟空却站着；众仙官见他不向玉帝参拜，都怒目相看。玉帝没有动气，封悟空做'弼马温'"（第 8 图说明）。玉帝言道："孙悟空是下界妖仙，不知朝礼，姑且恕罪！今封他为弼马温，即日上任。"李作宾参照《大闹天宫》连环画第 8 图粉本在宜芸馆绘画了"灵霄宝殿"包袱人物（图 6-3-9a、图 6-3-9b）。

2. 大胜哪吒

哪吒冲着孙悟空"连刺了数枪，激得悟空火起来，对准哪吒就是一棒，哪吒不敌，败阵逃走。悟空也不追赶，只叫他给玉帝传话去"（第 19 图说明）。悟空言道："告诉玉帝：如果不封我做齐天大圣，定然打上灵霄宝殿。"孔令旺以《大闹天宫》连环画第 19 图为粉本的绘画 2 幅，长廊、谐趣园各 1 幅（图 6-3-10a、图 6-3-10b）。

3. 偷吃金丹

孙悟空"他把葫芦里的金丹倒了出来，吃了几颗，觉得很香，便一口一颗，像吃炒豆一般，一会工夫把五个葫芦里的金丹都吃完了"（第 48 图说明）。孔令旺以《大闹天宫》连环画第 48 图为粉本在长廊绘画了"偷吃金丹"包袱人物（图 6-3-11a、图 6-3-11b）。

4. 捉拿悟空

"众天将也赶来助二郎神。这时，玉帝和众仙都在南天门外观战。太上老君见这么多人还打不过悟空，便取出一个钢圈往下一抛，正好落在悟空的头上"（第 72 图说明）。哮天犬和众天将一拥而上，将悟空捉住。孔令旺以《大闹天宫》连环画第 72 图为粉本在潭柘寺行宫院绘画了"捉拿悟空"包袱人物（图 6-3-12a、图 6-3-12b）。

此外，以《西游记》连环画为粉本还有《无底洞》《通天河》等。名著中还有《红楼梦》《水浒传》等连环画以及《东郭先生》《病入膏肓》《杨门女将》《昭君出塞》等连环画，就不再详述了。

图 6-1-1a 《孙庞斗智》连环画第96图粉本

图 6-1-1b 李福昌在颐和园贵寿无极绘制的“孙庞斗智”包袱人物

图 6-1-2a 《孙庞斗智》连环画第 20 图粉本

图 6-1-2b 颐和园清华轩西九间“孙庞相会”包袱人物

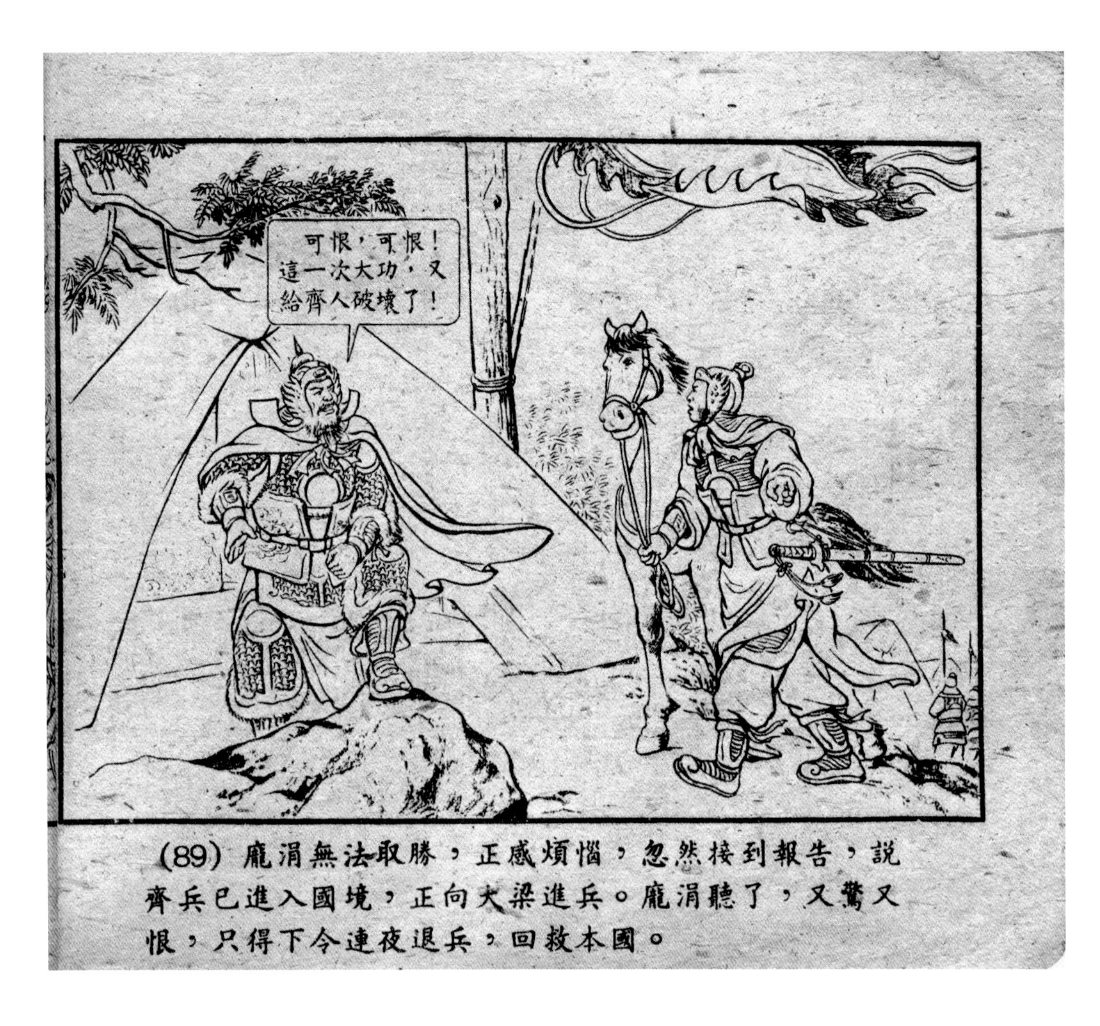

图 6-1-3a　《孙庞斗智》连环画第 89 图粉本

图 6-1-3b　颐和园清华轩西九间“庞涓中计”包袱人物

图 6-2-1a　《凤仪亭》连环画第 10 图粉本

图 6-2-1b　孔令旺在颐和园长廊绘制的"貂蝉惊跪"包袱人物

图 6-2-2a　《凤仪亭》连环画第 52 图粉本

图 6-2-2b　孔令旺在颐和园长廊绘制的“吕布会貂蝉”包袱人物

图 6-2-3a　连环画《战宛城》第 32 图粉本

图 6-2-3b　孔令旺在颐和园宜芸馆游廊绘制的“典韦被刺”包袱人物

（84）严氏一听，含着眼泪说：“将军孤军远出，万一有个好歹，怎办？”吕布心乱如麻，瞅着严氏说不出话来。

图 6-2-4a 《白门楼》连环画第 84 图粉本

图 6-2-4b 颐和园介寿堂东九间“貂蝉泣劝吕布”包袱人物

（79）徐庶感到老大没趣，只得上马离开了卧龙岗，急急向许昌赶路。

图 6-2-5a　《走马荐诸葛》连环画第 79 图粉本

图 6-2-5b　李作宾在颐和园长廊绘制的“走马荐诸葛”包袱人物

图 6-2-6a　《战长沙》连环画第 50 图粉本

图 6-2-6b　穆登科在颐和园宜芸馆绘制的“义释黄忠”包袱人物

（27）赵云厉声道："我跟了先帝，南征北讨，从未落后。大丈夫死于疆场，才是善终。我愿为前部先锋！"诸葛亮再三苦劝，赵云执意要去。

图 6-2-7a　《天水关》连环画第 27 图"赵云请战"粉本

图 6-2-7b　李作宾在颐和园谐趣园绘制的"黄忠请战"包袱人物

图 6-3-1a 《水帘洞》连环画第 6 图粉本

图 6-3-1b 李远在颐和园长廊绘制的“石猴眨眼惊玉皇”包袱人物

图 6-3-2a 《水帘洞》连环画封面粉本

图 6-3-2b 李远在颐和园长廊绘制的“美猴王跳出水帘洞”包袱人物

图 6-3-3a　《孙悟空三打白骨精》连环画册“一八”粉本

图 6-3-3b　《孙悟空三打白骨精》连环画册“一九”粉本

图 6-3-3c　张京春长廊“三打白骨精”包袱人物之一

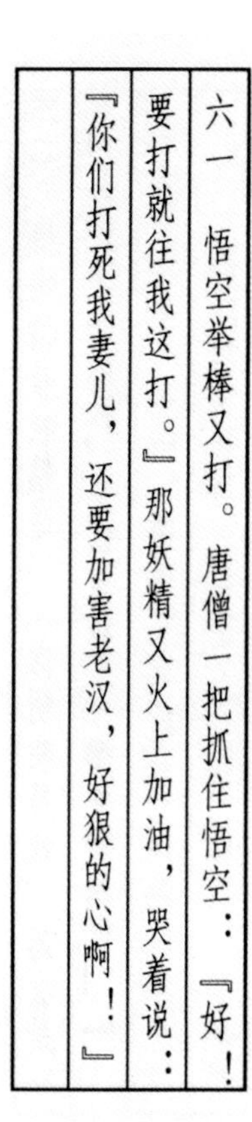

图 6-3-4a　《孙悟空三打白骨精》连环画册“六一”粉本

图 6-3-4b　陆弘长廊“三打白骨精”包袱人物之二

图 6-3-5a 《火焰山》连环画第 39 图粉本

图 6-3-5b 孔令旺在颐和园长廊绘制的“一借芭蕉扇”包袱人物

图 6-3-6a 《火焰山》连环画第 95 图粉本

图 6-3-6a 孔令旺在颐和园长廊绘制的“三借芭蕉扇”包袱人物

40

谁知那妖王一点不怕，一手使狼牙棒，一手去腰间解下一个旧布袋，往上一抛，『哗』的一声响，把悟空、二十八宿和四方游神全都收了进去。

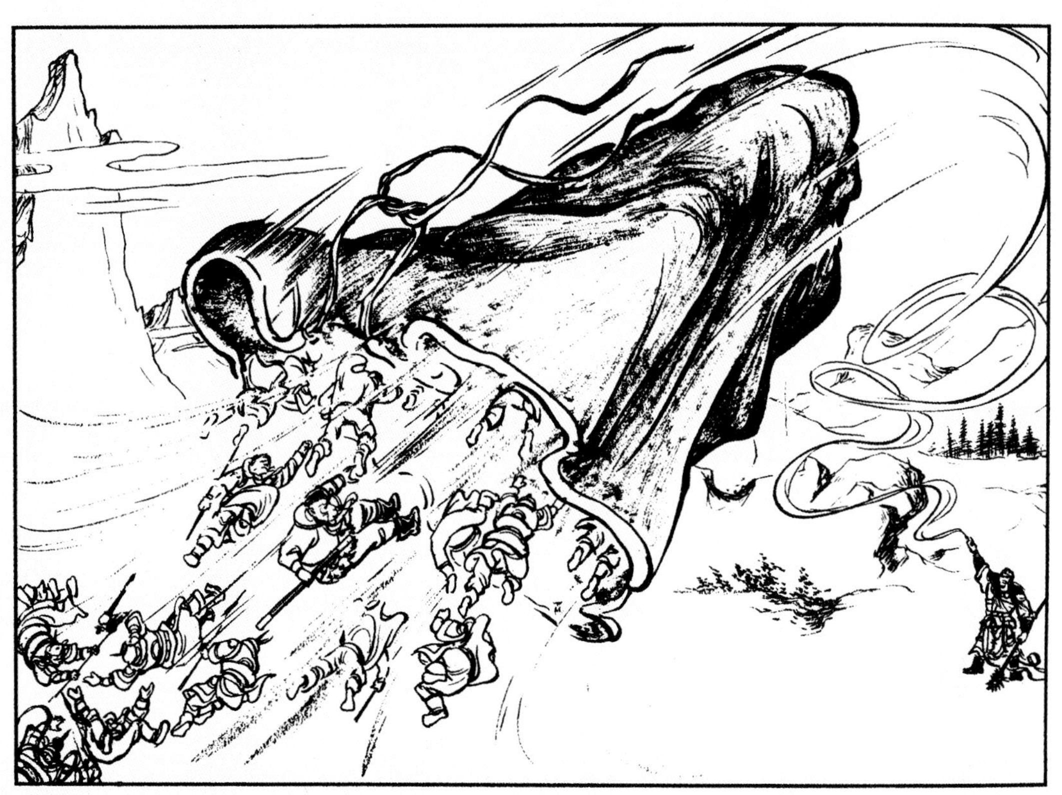

图 6-3-7a　西游记《假西天》第 40 图粉本

图 6-3-7b　孔令旺在颐和园谐趣园游廊绘制的“布袋收兵将”包袱人物

图 6-3-8a 西游记《假西天》第 73 图粉本

图 6-3-8b 孔令旺在颐和园眺远斋游廊绘制的“假西天”包袱人物

8

来到灵霄宝殿，太白金星上前跪拜缴旨，悟空却站着；众仙官见他不向玉帝参拜，都怒目相看。玉帝没有动气，封悟空做『弼马温』。

孙悟空是下界妖仙，不知朝礼，姑且恕罪！今封他为弼马温，即日上任。

图6-3-9a　《大闹天宫》连环画第8图粉本

图6-3-9b　李作宾在颐和园宜芸馆绘制的“灵霄宝殿”包袱人物

图 6-3-10a 《大闹天宫》连环画第 19 图粉本

图 6-3-10b 孔令旺颐和园谐趣园游廊“大胜哪吒”包袱人物

图 6-3-11a　《大闹天宫》连环画第 48 图粉本

图 6-3-11b　孔令旺在颐和园长廊绘制的“偷吃金丹”包袱人物

图 6-3-12a 《大闹天宫》连环画第 72 图粉本

图 6-3-12b 孔令旺在北京潭柘寺行宫院绘制的“捉拿悟空”包袱人物

第七章

中国建筑彩画粉本人物绘画

第一节
画家与画师绘画稿本

唐·张彦远《历代名画记》："每作一画，必先起草，按文挥洒。"可见古人对稿本的重视程度。从古至今，画家和画师们都有各自的画稿，在绘画上是异曲同工的。

一、董其昌《集古树石图》

李安源《董其昌的随身小"粉本"》一文中写道："如果要问：'在明代画坛，谁执牛耳？'毫无疑问，舍董其昌其谁，他影响画坛300年。而这幅收藏在故宫的《集古树石图》是董其昌创作大幅作品时必用的参照'粉本'，也是他出游囊中必携之物，足见其重要性。该长卷汇集了董其昌所中意的历代山水名作中的树石符号，堪称他的'葵花宝典'。"

《集古树石图》为绢本白描，宽30.1cm，长527.7cm。是明代董其昌绘制的自用画稿，因是自用，故无章法，画松柏、杂树、芦荻、水草，又有坡石、溪渚、亭榭、茅舍，乃至庭院、人物等。《集古树石图》并不是画，实为绘画素材，待绘画时从中选取。

卷中有董其昌的小行书："万松金阙赵希远画，全用横点、竖点，不甚用墨，以绿汁助之，乃知米画亦是学王维也，都不作马牙钩。"另有"红树"，"浓"，"点要开阔"，"不要多"，"墨浓"等自注。幅末有陈继儒的题跋："此玄宰集古树石，每作大幅出摹之。焚劫之后，偶得于装潢家，勿复示之，恐动其胸中火矣也。眉公记。"陈继儒是董其昌的好朋友，通过这则题跋可知，《集古树石图》作于著名的"民抄董宅"事件之前。陈继儒在万历四十四年（公元1616年）三月，董宅被烧后，"偶得于装潢家"，此后不敢给董其昌看，唯恐他看到以后想起那场噩梦，心中窝火，便自己收藏了。《集古树石图》虽无作者款印，而陆树声的两方鉴藏印以及董其昌好友陈继儒的题识都从一个侧面证明了此卷作者归属的可靠性。故《集古树石图》卷为传世之最早的自用画稿。

二、王素的83幅画稿

2015年10月5日，张大拙先生在网上发表了《清代画家王素绘画粉本之发现与研究》（一），文中言道："甲午（公元2014年）仲秋，笔者与友人游于江南，机缘所致，于肆间隐秘处发现大量王素绘画稿本，并分两次购得各种粉本八十三通。多次展玩研究，发现信息量巨大，涉及题材、风格、画法、材料、历史、传承等等。"并附画稿十余幅及局部特写，是为震撼。画稿上大都标注了颜色及敷色方法，是一批珍贵的画稿。

网上展示的王素画稿，主要是人物画稿，间以人物素材草稿、花鸟、敷色翎毛各一幅。这批画稿的最大特点是标注了颜色，彩画作称之为"号色"。张大拙先生作以说明：

"作品中几乎每一张都标记了记号，这也是这批画稿信息量很大的一部分，容易弄懂的是标记颜色，比如，卜——白，月——月白，者——赭石，赤——红，也有的是标记花纹和画法，如，米点——米芾点（水墨充足的横点），大混点——指含水墨较多的墨点，双钩桂——双钩桂树，但因时间资料及能力所限大多数标记还不知道其中含义，有待于进一步研究，比如，其中大量标记'金木水火土'，不知是何意思。有很多画法标记，如'火者木黄点'也不知道具体为何。这些标记显然存有古风，密不外传？方便记录？或许兼而有之。是仅仅王素学习当时画工的方法，还是在当时画家中广泛使用，也未可知，因为在现存的资料中，似乎尚未见到其他画家有如此标记的画稿。也许尚有，笔者孤陋未见而已。其中大量未明白者，有待于做更多研究。"

三、钱慧安画稿

古人作画提前制作画稿，稿中事先要设计好颜色，并标注在画稿上。如清末画家钱慧安的"轻罗小扇扑流萤"画稿，上面标注着颜色：地面"染赭"，树干"录（绿）"，树叶"染青"。钱慧安的弟子沈心海曾以老师的画稿绘画了"纨扇扑萤"作品。

沈心海还以老师钱慧安的"轻罗小扇扑流萤"画稿为粉本进行再创作，仅保留原作的人物，重新配以景物，题上"月上柳梢头，人约黄昏后"诗句，诗情画意尤新，品位更加高雅。诗句出自北宋文学家欧阳修的《生查子》。画面含蓄地表达出少女在"月上柳梢头"时的思念与回味，可谓"月下美人图"（图7-1-1a、图7-1-1b）。

四、张大千敦煌壁画摹本画稿

在张大千60余年的绘画创作生涯中，留下了大量的粉本画稿。其中重要的一笔便是1941 ~ 1943年在敦煌莫高窟2年多时间中留下的。张大千在临摹的敦煌壁画摹本上标注了颜色，成为复制敦煌壁画的摹本。将这些摹本交给门人和助手“随彩赋色”后，再由张大千亲自勾描脸部、手脚等重要部位。这样复制了很多敦煌壁画。如“敦煌晚唐第一五二窟十一面观音像”。

“十一面观音像”画稿各部位都标注了颜色。画稿的右上角还有特殊标注“上九人眉”，强调了上面9个人头的眉毛。并画了2个眉毛，右眉为弓形，下一“黑”字，表示眉毛用黑色画；左眉为水波纹（S纹），眉下写着“彐（音xuě）加朱”，是用绿色和红色画出眉毛。另外还有“牙白”二字，即牙齿为白色。张大千这一临摹画稿的敷色标注最为全面精细。

五、王叔辉连环画画稿

白画形式连环画的每个画面都是印刷后的成品。每个成品画面都要事先落墨在出版社固定格式的稿纸上，稿纸的画框尺寸是连环画画框大小的一倍。画在连环画稿纸上的画稿便是连环画的稿本，即连环画画稿。笔者收集到2幅王叔辉《孔雀东南飞》连环画的画稿。画稿的边框为红色，右下角印刷着“人民美术出版社 连环画专用稿纸”。其中一幅的右下角是红色笔写的“②”和铅笔写的“2”。刘兰芝头后发髻边缘还有铅笔打草稿的痕迹。此画稿是连环画第2图粉本（图7-1-2a、图7-1-2b）。

六、李作宾“举案齐眉”画稿

园林古建公司人物绘画大师都有各自的画稿。参照前人绘画作品进行创作，事先在一尺左右大小的纸上画上白描稿，稿上用号色方法设计好颜色，作为粉本备用。李作宾画师的“举案齐眉”画稿，是以《近代名画大观》钱慧安弟子陆鹏（子万）的“举案齐眉”白画为粉本制作的，对应的彩画绘画实例是长廊的包袱人物和谐趣园瞩新楼的廊心人物（图7-1-3a、图7-1-3b、图7-1-3c）。

李作宾画稿没有准确的经营位置，既是画稿又兼作草稿，画稿上标注的单一颜色有“白”“工”“六”“十”“赭”，调兑的复合颜色有“三七”“三工”“淡十”等，这些标注的颜色与彩画作中的“号色”方法是统一的。

七、马玉梅“绯胸鹦鹉”画稿

马玉梅是园林古建公司年轻一代优秀画师，擅长花鸟题材绘画。她的画稿比老师傅的画稿要简便得多，直接在画谱白描稿上“号色”，复印后用于现场绘画。如马玉梅的“绯胸鹦鹉”画稿，先在贺伯英编绘《鸟类动态写生》白描稿上标注上颜色和工艺，再复印后使用（图7-1-4）。

马玉梅“绯胸鹦鹉”画稿标注的不仅是颜色，工艺做法也涵盖其中：如鹦鹉的眼睛“先黄后赭”，这是传统的“衬色”技法，即先用藤黄或石黄打底色，再用赭石罩染面色；又如鹦鹉的爪子“毛兰、墨开”，即先用靛青或普鲁士蓝染爪，再用香墨勾画线条，这便是“先染后开”的“硬抹实开”工艺；再如“丹底银珠开”，“开”是勾画线条，鹦鹉头顶无线，故“开”应为“染”字，即先用橘红色的章丹或硃膘打底，再用大红色的银珠罩染面色，这与宋《营造法式》记载的古老的红色“衬色法”的方法是一致的。因此，马玉梅“绯胸鹦鹉”画稿十分难得，它记载了园林古建公司花鸟绘画颜料的品种和绘画技法。

以上列举了5位画家和2位画师的画稿。画稿，即绘画的底稿，他不是完整的绘画作品，是为了绘画而事先设计的稿本。稿本上大都标注了拟使用的颜色及敷色方法，这便是彩画作中所称的“号色”。

“号色”，是彩画设计和施工中用简单汉字为代号，标注在绘画载体或画稿上的方法。彩画颜色多样，使用严格，为便于设计和施工，不出差错，在长期实践中形成以简单汉字标记颜色的口诀，内容为：“一米色，二蛋青，三香色，四硝红，五粉紫，六绿，七青，八黄，九紫，十黑，工红。”此外，金的代号是“金”，白的代号是“白”，章丹的代号是“丹”，赭石的代号是“赭”或“者”。如，施工中工长在找头上写一个“七”字，画工就要在找头内刷青色；工长在廊心中写一个“白”字，画工就要在廊心绘画载体中刷白色等；画稿上标注“三工”，是用“香色”和“红色”调配出偏红色的香色等。号色，因传承的不同，还是有差异的。画稿上的号色更是因人而异。画家与画师的号色有相同的标注，也有不同的记号，如红色，画家多用“赤”字作代号，彩画师则用“红”字右边的“工”字为代号。

总而言之，纯粹的画稿应是标注上简写颜色代号的稿本。从古至今画家和画师是一脉相承的。

第二节
粉本的作用

从名家高手到一般画工，凡作画都有画样画稿可依，绘画绝非无源之水，无本之木。

一、粉本是学习的样本和范本

中国传统绘画的教育以临摹和画论并重，也是师徒传承的重要内容。不管是绘画、壁画、彩画、刺绣等都要依据粉本进行摹拓临摹的研习，循序渐进锲而不舍地提高绘画水平。就《芥子园画传》而言，画家、画师、工匠大都以其作为学习的样本和范本。正如陈毅先生所言：“近代作画的不读芥子园画谱是例外，好像作诗的不读唐诗三百首和白香词谱是例外一样。”

1. 画家王素作品

《近代名画大观》第三集“花卉翎毛”第八图，是著名画家王素借鉴《芥子园画传》第三集卷二花鸟“浴波式”中的“浮羽拂波”粉本绘画的。

《芥子园画传》“浮羽拂波”画面，实为一只喜鹊在洗澡，图上题记：“斗鸟与浴鸟较画踏枝者更要生动。斗鸟翻身，钩劲须奋不顾身；浴鸟则浮羽拂波，悠然自得。又各有不同。”画家王素则抓住了浴鸟“情势更要生动”画意，提升了绘画水准，组成了“浴波双喜”的画面：一只喜鹊在水中“浮羽拂波，悠然自得”；另一只喜鹊爪踏山石，和浴波的喜鹊喃喃私语，相互对视，在山石鲜花的衬托下，情势生动欢喜的画面跃然纸上。1979 年老画师杨继民以画家王素的花鸟题材为粉本于颐和园长廊绘画了“浴波双喜”包袱花鸟（图 7-2-1a、图 7-2-1b、图 7-2-1c）。

2. 画师冯珍课徒画稿

画师冯珍拜张瑞为师，和张瑞之子张仕杰成为师兄弟。冯珍是冯义的伯父，特意为侄子冯义绘画了“桃柳燕”课徒画稿，作为冯义研习的范本。冯珍“桃柳燕”课徒画稿是以《芥子园画传》第三集卷二翎毛花卉谱中的“燕尔同栖”图式为粉本绘画的。冯珍画师取“燕尔同栖”的构图，让燕子爪蹬桃枝，配以飘逸柳枝为背景，使桃枝、柳叶、燕子基于一张画面，成为苏式彩画中最常用最普遍的花鸟题材——“桃柳燕”（图 7-2-2a、图 7-2-2b）。

“桃柳燕”课徒画稿，既是冯珍画师的课徒画稿，也是其自用画稿，还可以作为粉本直接用于彩画绘画上。如冯珍颐和园宜芸馆游廊四架梁上的“桃柳燕”方心花鸟，除燕子没有张着嘴外，其他与“桃柳燕”课徒画稿完全一致；又如冯珍宜芸馆游廊上的聚锦，完全按“桃柳燕”课徒画稿的燕子绘画，让“燕尔同栖”在杏花盛开的枝条上，便成为“杏花春燕”题材的聚锦花鸟（图 7-2-3a、图 7-2-3b）。

“桃柳燕”方心和“杏花春燕”聚锦还解决了“随形敷彩”问题，课徒画稿与方心相合进行研习，则是相得益彰的课徒画稿。

通过画家王素和画师冯珍的例证，足以说明画家、画师都曾以《芥子园画传》为粉本进行过研习，在使用时方能得心应手。不过画师多凛尊粉本进行绘画，而画家多参考借鉴后提升绘画作品。因此以粉本作为学习的样本和范本是非常必要的。

二、粉本是彩画绘画的依据

《芥子园画传》落款：“元以前多不用款，或隐之石隙。恐画不精有伤画局耳。至倪云林字法遒逸，或诗尾用跋，或跋后系诗文。”在画幅上题诗落款，始于宋代的苏轼、米芾，延于元明两朝，兴胜于清代及近现代。“画亦由题益妙。高情逸思，画之不足，题以发之，后世乃为滥觞。”（方熏《山静居画论》）绘画可以通过题诗落款来弥补绘画上的不足，点出绘画的题材和意境，这是彩画绘画所不及的。彩画上的绘画是不能落款的，绘画的题材还得让人看懂，特别是人物绘画，必须要以粉本为依据，这样才能让观者看懂读懂绘画题材，这一点尤为重要。

粉本的选择应该以人们最熟悉的题材为好。山西古建筑彩画中的人物绘画比例很大，多为宗教人物及他们的故事，还有便是大量的《封神演义》一类的题材，就笔者的水平，能看懂的题材没有几幅。让人们一看便知的题材就达到了绘画目的，绘画题材谁都看不懂也就失去了绘画的意义。绘画题材耐人寻味才是最佳题材。颐和园一些彩画人物绘画已从雅俗共赏步入了高雅之堂。

颐和园彩画中的人物绘画数量最多、题材最广的是《三国演义》题材。颐和园三国人物绘画近 300 幅，大部分题材是众所周知的，主要绘画集中于连环计、三顾茅庐、长坂坡、千里走单骑、甘露寺、赤壁之战等章回，这些题材没有粉本也是可以读懂的，如沈阳故宫西路垂花门上的“董太师大闹凤仪亭”包袱人物。

彩画绘画都应依据粉本，“粉本”的关键是“本”。“本”是水之源、木之根、房之基。在粉本的基础上进行变化创作的绘画作品为上乘之作。如《三国演义》之“三顾茅庐”和“赵彦求寿”依据粉本创作演绎出众多的绘画珍品。

1. 三顾茅庐

《图像三国志演义》或《三国志演义图画》“刘玄德三顾茅庐”全图是彩画绘画依据的粉本，遵照粉本绘画的都是“二顾茅庐”的故事情节，创作演绎的题材还有“一顾茅庐”和“三顾茅庐”人物绘画。

《三国演义》第三十七回“司马徽再荐名士，刘玄德三顾茅庐”是人们最熟悉的章回，大家都能看懂绘画题材，但是，知晓“三顾”情节绘画的人就不多了。顾名思义，“三顾茅庐”，即刘备“三次”拜谒孔明。三次的情景都是不同的，颐和园这一题材的绘画也是有区别的：“一顾茅庐”是夏天，孔明不在家，对应的绘画是李作宾北宫门朝房上的“一顾茅庐”包袱人物，这一题材的绘画在颐和园仅此 1 幅；“二顾茅庐”是冬天，颐和园内对应的“二顾茅庐”有包袱人物 6 幅和聚锦人物 4 幅；“三顾茅庐”是来年的春天，对应的“三顾茅庐”包袱人物是李作宾眺远斋和孔令旺临河殿上的包袱人物（图 7-2-4a、图 7-2-4b、图 7-2-4c）。

此外，“二顾茅庐”又演绎了“承彦桥归”人物绘画。这一题材是李作宾画师的专利，他在颐和园绘画的“承彦桥归”包袱人物有 7 幅，其中 6 幅是以钱慧安绘画为粉本绘制的（图 7-2-5），1 幅是以任伯年绘画作品为粉本绘制的。

2. 赵彦求寿

《三国演义》第六十九回“卜周易管辂知机，讨汉贼五臣死节”，彩画绘画题材主要是“赵颜求寿”“仙人对弈”。衍生题材有“麻姑献寿”“王质烂柯”等。苏轼彩画的此类绘画最多，颐和园就有 30 余幅。绘画载体集中于包袱、方心和聚锦。依据的粉本是《图像三国志演义》“卜周易管辂知机”全图。

曹操因左慈戏弄，惊而成疾，服药无愈。曹操令许芝卜易。许芝推选了管辂。“芝曰：‘大王曾闻神卜管辂否？’操曰：‘颇闻其名，未知其术。汝可详言之。’芝曰：‘管辂字公明，平原人也。容貌粗丑，好酒疏狂。’”许芝详尽地介绍了管辂，以及卜术神灵的范例。最后一例为“赵颜求寿”：（管辂）“一日，出郊闲行，见一少年耕于田中，辂立道傍，观之良久，问曰：‘少年高姓、贵庚？’答曰：‘姓赵，名颜，年十九岁矣。敢问先生为谁？’辂曰：‘吾管辂也。吾见汝眉间有死气，三日内必死。汝貌美，可惜无寿。’赵颜回家，急告其父。父闻之，赶上管辂，哭拜于地曰：‘请归救吾子！’辂曰：‘此乃天命也，安可禳乎？’父告曰：‘老夫止有此子，望乞垂救！’赵颜亦哭求。辂见其父子情切，乃谓赵颜曰：‘汝可备净酒一瓶，鹿脯一块，来日赍往南山之中，大树之下，看盘石上有二人弈棋：一人向南坐，穿白袍，其貌甚恶；一人向北坐，穿红袍，其貌甚美。汝可乘其弈兴浓时，将酒及鹿脯跪进之。待其饮食毕，汝乃哭拜求寿，必得益算矣。——但切勿言是吾所教。’老人留辂在家。次日，赵颜携酒脯杯盘入南山之中。约行五六里，果有二人于大松树下盘石上着棋，全然不顾。赵颜跪进酒脯。二人贪着棋，不觉饮酒已尽。赵颜哭拜于地而求寿，二人大惊。穿红袍者曰：‘此必管子之言也。吾二人既受其私，必须怜之。’穿白袍者，乃于身边取出簿籍检看，谓赵颜曰：‘汝今年十九岁，当死。吾今于“十”字上添一“九”字，汝寿可至九十九。回见管辂，教再休泄漏天机；不然，必致天谴。’穿红者出笔添讫，一阵香风过处，二人化作二白鹤，冲天而去。赵颜归问管辂。辂曰：‘穿红者，南斗也；穿白者，北斗也。’颜曰：‘吾闻北斗九星，何止一人？’辂曰：‘散而为九，合而为一也。北斗注死，南斗注生。今已添注寿算，子复何忧？’父子拜谢。自此管辂恐泄天机，更不轻为人卜。”

根据小说描写，历代画家，以至民间艺人，都重视这一题材，彩画绘画也是如此。现将颐和园此类相关题材绘画介绍如下：

（1）赵颜求寿：标准的“赵颜求寿”画面为“大树之下，看盘石上有二人弈棋：一人向南坐，穿白袍，其貌甚恶；一人向北坐，穿红袍，其貌甚美。”赵颜将一壶酒和鹿脯敬献二位仙人。这一题材的标准绘画当属李作宾谐趣园和宜芸馆的“赵颜求寿”包袱人物，与粉本一致，与《三国演义》小说描写统一（图 7-2-6）。

“赵颜求寿”题材的绘画，不管是画家还是画师，绘画准确的并不多。首先是穿着，一穿白袍，可以敷淡蓝色；一穿红袍，可染赤色；赵颜带的是一壶酒和鹿脯，很多绘画改为仙桃等食物，这就不对了。

（2）仙人对弈：为“赵颜求寿”的衍生题材，可认为是赵颜还没到来时的情景。颐和园“仙人对弈” 包袱人物，集中于谐趣园和宜芸馆，都是孔令旺的作品；李福昌山色湖光共一楼西爬山廊“仙人对弈”方心人物，可谓笔简意赅（图 7-2-7）。

（3）麻姑献寿：亦属于“赵颜求寿”题材的衍生绘画内容。园中这一题材集中于谐趣园和长廊。以李作宾、孔令旺两位老画师作品为主（图 7-2-8）。

（4）王质烂柯：画面特点是一位少年坐于柴薪之上，看两位老人下棋。标准绘画：少年腰间别上一把斧头（柯）。故事讲少年王质看南斗、北斗两位仙人下棋，不知过了多少年，斧把全烂掉了。故事源于民间传说，这一题材的绘画是借用了《三国演义》小说“南山之中，大树之下，看盘石上有二人弈棋”的画面。亦属于“赵颜求寿”题材的衍生绘画内容。“王质烂柯”最标准的绘画是孔令旺在长廊、谐趣园、宜芸馆绘制的包袱人物（图 7-2-9）。

谐趣园引镜上的一幅包袱绘画，乍看是一幅山水，细瞧右上侧有人物，方知是“王质烂柯”包袱人物。这是李作宾打破常规构图模式，创作的新颖别致、耐人寻味的包袱人物绘画（图 7-2-10）。

赵彦求寿及其衍生的题材，都要以粉本为依据，主要画面是“二人于大松树下盘石上着棋”的格局不能变。只有“麻姑献寿”时两位仙人才不对弈，其他题材都在对弈。“赵颜求寿”题材，赵颜必须带上一壶酒和鹿脯，不按管辂的吩咐行事，不敬献仙人酒和肉，长寿是求不成的！

三、粉本是解读绘画题材的钥匙

找不到粉本，很多绘画题材就无法解读，故粉本是解读彩画绘画题材的钥匙。

北京地区现存光绪年间苏式彩画中的人物绘画虽然不多，一些人物绘画题材需要其绘画年代以前的粉本才能解读。如故宫储秀宫翊坤殿一方心人物，共有人物 31 个，从气韵生动、随类敷彩、经营位置等标准进行衡量，实为一幅佳作，到底是什么题材还找不到对应的粉本解读。从画面上看：右边一排考官，两武士持械欲斗，一武士单臂托起香炉，好似选拔武状元的考场，只好称其为“武试考场”了（图 7-2-11）。

1. 三国人物绘画

三国人物是人们最熟悉的题材，大部分绘画是可以读懂看懂的，但有些绘画还是离不开粉本这把钥匙来解读，如“曹操睡觉”和“曹丕乘乱纳甄氏”。

（1）“曹操睡觉”。此题材源于《三国演义》第六十一回“孙权遗书退老瞒”故事情节：

建安十七年（公元 212 年）冬十月，曹操兴兵下江南。曹军至濡须，立足未稳，被孙权打败，后退五十里扎下寨来。因心中郁闷，“操伏几而卧，忽闻潮声汹涌，如万马争奔之状。操急视之，见大江中推出一轮红日，光华射目；仰望天上，又有两轮太阳对照。忽见江心那轮红日，直飞起来，坠于寨前山中，其声如雷。猛然惊觉，原来在帐中做了一梦”。

曹操做梦的画面见《图像三国志演义》粉本，李作宾遵照“孙权遗书退老瞒”全图于宜芸馆游廊绘画了包袱人物。此画虽然是曹操休息时做的梦，实为曹操被孙权击败，欲求退兵的前兆。此题材称之为“曹操做梦”较为贴切（图 7-2-12a、图 7-2-12b）。

（2）“曹丕乘乱纳甄氏。”《三国演义》第三十三回：“却说曹丕见二妇人啼哭，拔剑欲斩之。忽见红光满目，遂按剑而问曰：‘汝何人也？’一妇人告曰：‘妾乃袁将军之妻刘氏也。’丕曰：‘此女何人？’刘氏曰：‘此次男袁熙之妻甄氏也。因熙出镇幽州，甄氏不肯远行，故留于此。’丕拖此女近前，见披发垢面。布以衫袖拭其面而观之，见甄氏玉肌花貌，有倾国之色。遂对刘氏曰：‘吾乃曹丞相之子也。愿保汝家。汝勿忧虑……’”李作宾于宜芸馆游廊上绘制的“曹丕乘乱纳甄氏”包袱人物，与《图像三国志演义》全图粉本一致（图 7-2-13a、图 7-2-13b）。

2.《聊斋志异》人物绘画

《聊斋志异》中的故事情节都是独立而没有连贯性的，没有粉本一个也解读不了，即便有了粉本也容易记错。聊斋人物绘画都是一把钥匙开一把锁的。《聊斋志异图咏》插图粉本有 445 幅，一个插图对应一个故事情节，不能张冠李戴。

长廊聊斋人物绘画总计 26 幅 ,21 个题材。除“画皮”以连环画册为粉本外，其余 20 个题材均以《聊斋志异图咏》为粉本绘制。在已出版的长廊彩画故事刊物中，惟聊斋人物绘画搞错的最多，以画面猜想而自我认为或乱点鸳鸯谱的大有人在。如，“小二”有 4 部书称“穆桂英招亲”（图 7-2-14a、图 7-2-14b），“云翠仙”有 4 部书称“葛巾”；“细侯”有 3 部书称“合色鞋”或“陆五汉硬留合色鞋”，2 部书将“犬灯”称“天仙配”，“八大王”称“钟馗捉鬼”，将“翩翩”命名为“红楼二尤”等等。

3. 玉人纤指

颐和园长廊一包袱人物绘画，所有编写长廊彩画故事的书册，都称之为“傻大姐”“泄露机关”“傻大姐泄密”“傻大姐无意泄机关”等，其实作品是李作宾以《古今名人画稿》为粉本绘画的包袱人物，绘画名称可以从《王小梅百美图》中找到“玉人纤指”的答案。《古今名人画稿》是解读这一绘画出处的钥匙，而《王小梅百美图》是解决这一绘画名称由来的钥匙（图 7-2-15a、图 7-2-15b、图 7-2-15c）。

4. 广寒秋月

《钱吉生先生画谱》中的“广寒秋色”粉本中，怀抱玉兔的是月中嫦娥，旁边的是“霜神”青女，两人画在一起，表现俱耐清寒的两位美女。

“青女乃玉女，至霜雪者”（高诱《淮南子》）。李商隐“霜月”诗：“初闻征燕已无蝉，百丈楼台水接天。青女素娥俱耐冷，月中霜裹斗婵娟。”并有诗注：“蝉鸣于夏秋之交，于八月之候，霜降于九月之中。青女，霜神；素娥，月中嫦娥也。此诗言，征雁初来，则柳上之蝉已寂然无声矣。当青霜凝露，白月扬辉，亦可称良夜矣。因忆霜中青女之神与月中嫦娥一般，佳丽而俱耐清寒，可谓双清二美矣（《绘图千家诗》）。”诗注将李作宾画师的绘画完全解释明白了（图 7-2-16a、图 7-2-16b）。

四、粉本是研究彩画绘画的工具书

现在研究彩画的人不少，基本停留在文献的堆砌和纹饰的比对上，从彩画颜料、工艺、做法入手的很少，遇到彩画人物绘画时大都避开而不作深入研究，与壁画的研究相比差距甚大。其主要原因是缺乏彩画绘画的工具书，特别是彩画中的人物绘画，找不到开启人物绘画这把锁的粉本钥匙而不得不终止进一步的研究。笔者曾认识一位热衷于颐和园研究的张先生，拟编写《长廊彩画人物故事》，2005 年花钱请人拍摄了长廊人物绘画反转片，因许多人物绘画无法解读，确定不了绘画题材而罢笔。

颐和园长廊使用的粉本种类特别多，基本涵盖了颐和园彩画人物故事使用的粉本，将长廊使用的粉本寻觅齐全，并非一件易事。有时为了一幅绘画粉本，要用几年或十几年的时间，甚至永远找不到它的粉本。

长廊上的“江东二乔”包袱人物，大家认定得都很正确，但在众多的三国题材粉本中，均找不到李作宾这一题材的绘画粉本。笔者无意中在网上发现了光绪乙酉年版本的《海上名家画稿》，为棉纸夹心石印，绘画精美绝伦，被鼠咬人撕后，品相极差。但展示的画页中有一幅题名“江东双丽”的画面，正是李作宾长廊“江东二乔”包袱人物的粉本，笔者便买了下来。想买本品相好的《海上名家画稿》，可怎么也买不到，买来的全是它的衍生品，并将“名家”改为“名人”，画面也有增有减，版本有《海上名人画稿》《海上二大名人画稿》《海上二十名家画画谱》等，“江东双丽”等画面虽然在一些版本中保留着，但都不如《海上名家画稿》版本用纸讲究，绘画精美（图 7-2-17a、图 7-2-17b、图 7-2-17c）。

粉本涉及的范围很广，品种类别五花八门，有的还很生僻。现介绍几种：

1.《仕女参考图集》

1978 年，北京工艺美术厂，因工艺美术产品生产需要，由李新民、杨志谦、张自方等工艺美术师，编绘了一套本厂内部交换使用的画册，园林古建公司画工也得到了内部发行的画册，成为颐和园苏式彩画绘画的粉本。1979 年长廊彩画开始使用内部交换用本。这本画册需求的人过多，1981 年 6 月北京工艺美术厂出版发行了《仕女参考图集》，在颐和园福荫轩、乐寿堂后院等处均有使用。

以《仕女参考图集》为粉本的颐和园苏式彩画绘画达 15 幅，12 个题材，乐寿堂后罩房廊心人物 2 幅，是“花木兰”和“天女散花”；长廊包袱人物 4 幅，为“洛神”“元春省亲”、“寒塘渡鹤影”“宝钗扑蝶”；福荫轩包袱人物 7 幅，有“献寿”（图 7-2-18a、图 7-2-18b）和“晴雯补裘”等。

2.《鸟类动态写生》

花鸟题材的绘画也是有粉本的。如 1980 年贺伯英编著、北京工艺美术研究所出版的《鸟类动态写生》就是马玉梅、关鹏等画师的粉本。马玉梅曾以《鸟类动态写生》第 74 页“仙鹤”为粉本于颐和园乐寿堂绘画了“双鹤劲松”迎风板花鸟。两只仙鹤完全遵照粉本绘画，配以苍松花木，使画面更加丰富（图 7-2-19a、图 7-2-19b）。仙鹤与松树都寓意长寿，画在乐寿堂上是最恰当的题材。

第三节
谢赫六法应用

彩画绘画“四法”与画家绘画“六法”是同宗同源的。

画家们从古至今绘画所遵循的“六法”，即“南齐谢赫：曰气运生动，曰骨法用笔，曰应物写形，曰随类傅彩，曰经营位置，曰传摸移写。”（《芥子园画传》）彩画作也有自身的绘画法则，被口传心授传承下来。刘玉明先生将彩画绘画“四法”告诉了笔者，即“气运生动、古法入笔、随类傅彩、精营位置。”彩画绘画“四法”与谢赫绘画“六法”中的四法相一致。这不是彩画作再创造的彩画绘画“四法”，而是选取谢赫绘画“六法”中最适用于彩画绘画和彩画修复的“四法”。在老师傅口传心授的过程中会出现用字上的不同和领悟上的差异都是难免的，可按谢赫六法进行调整。

笔者就彩画绘画“四法”谈一点体会：

一、气韵生动

“气韵生动”，为绘画六法之首，也是彩画绘画四法之首，是各法中最重要的一法。彩画绘画的气韵生动主要表现在“神”“美”“活”几个方面。

1. 彩画绘画中的“神”

这里的“神”与绘画的画意、意境是统一的。春夏秋冬，要四季分明；晨午暮夜，要四时可辨；站立坐打，要动作准确，等等。绘画作品让人观后，要为之一振，眼前一亮，那就是有神。如李福昌于宜芸馆后垂花门上绘制的“古城会”迎风板人物和李作宾在鱼藻轩绘制的“煮酒论英雄（闻雷惊箸）”“吕布刺董卓”“千里走单骑”包袱人物都是气韵生动，有“神”的绘画作品（图 7-3-1）。

2. 彩画绘画中的“美”

“美”的含义非常广，就六法而言，经营位置要构图美，随类敷彩要颜色美等等。这里仅讲绘画的人物美。帝王要稳重，虎将要勇猛，仕女要秀丽，婴孩要可爱，鬼神要丑恶，这都是人物绘画美的范畴。张希龄画师号称“美人张”，就是在美女的绘画上有独到之处，有自己的绝活，他画的《红楼梦》人物，越看越美，可谓人见人爱（图 7-3-2）。

3. 彩画绘画中的“活”

彩画绘画中的“活”涉及的范围最为普遍，绘画的基本标准是画什么要像什么，画什么不像什么，“活”也就无从谈起了。彩画匠把人物、翎毛、飞禽、鱼虫称为“喘气儿的”，“画活了”，讲究的是逼真和绘画的感染力。

（1）人物画活了的代表作：颐和园谐趣园洗秋轩“高衙内调戏白娘子”迎风板人物，李作宾把每个人都画活了：林冲满面怒气保护着受到惊吓的林娘子，丫鬟倒在地上指着窗外仓皇逃窜的高衙内。李作宾将每个人的姿态表情都刻画得淋漓尽致，达到了强烈的视觉冲击力（图 7-3-3）。

（2）翎毛画活了的代表作：宜芸馆后门上的“觅果的熊仔”包袱翎毛，表现秋日里两只小熊在觅食，右边的小熊抬头观察树上的果实，左边的小熊低头品尝果实，两目还凶狠地环顾着四周。小熊身上的毛根根被“撕出”，活灵活现（图 7-3-4）。

二、古法用笔

谢赫绘画六法中的“骨法用笔”，彩画绘画称“古法用笔”。彩画绘画中的“古法”，即传统的绘画方法。

“古法”，首先是“古意”。“元赵孟頫论画：作画贵有古意，若无古意，虽工无益。今人但知用笔纤细，传色浓艳，便自为能手，殊不知古意既亏，百病横生，岂可观也？吾所作画，似乎简率，然识者知其近古，故以为佳。此可为知者道，不为不知者说也。”（巢勋临本《芥子园画传》第四集）彩画绘画的“古意”和赵孟頫所言是一致的。

传统的绘画方法在人物、线法、花鸟、山水、翎毛等彩画绘画中都有各自的技法和笔法。如彩画人物绘画的传统技法是“落墨搭色”和“硬抹实开”。彩画绘画最主要的技法特点是用墨，即老画师所讲的“墨气”。

1. 墨气

园林古建公司老画师所讲的“墨气”是有绘画理论支持的。《芥子园画谱》“笔墨论”篇中对“墨气”作了详尽的解释：“墨有气也。曰润泽，曰浑厚，曰气韵，曰淋漓。能以破水点缀者，曰潮染。得法则阴阳配合。能以着色磨洗者，曰渲染。得气则姿态清妍。探微神妙。染圣贤容像，道子高超，传人物英威。古人用墨混混乎，有气焉。故有笔法而有生动之情。有墨气而有活泼之致。法当合气，气当合法，法得气而脉络通，气得法儿阴阳辨矣。定部位先开后染，是从浓以至淡；显骨格染后重开，乃因浅而加深。墨气精，则全身生动于纸上；笔法妙，则五官隐跃于楮间。染成突兀，如高峰满月，可玩可攀，开出精神，似美玉明珠堪珍堪重。所以画山水而得笔法，自然生动，不同锯树捉鸦。写形容而得墨气，定尔玲珑，岂比刻舟求剑。苟不知用笔运墨。以法以气者，信手涂抹，一味板滞，虽优孟衣冠而神采竭矣。曷足贵乎。”（天津市古籍书店《芥子园画谱》人物集）

“定部位先开后染，是从浓至淡，”即彩画绘画中的“落墨搭色”技法；“显骨格染后重开，乃因浅而加深，”为彩画绘画中的“硬抹实开”技法。“落墨搭色”技法主要用于人物和山水的绘画；“硬抹实开”技法主要用于人物、花鸟及线法的绘画。

2. 墨彩

即墨色，指墨的深浅程度，将墨色划分为 5 个等级，即焦、浓、重、淡、清五彩。于非闇先生有关于“墨彩”的诠释：

“焦墨　即是把研成的墨汁，在砚池内经过半日的蒸发，再用来画极其深重而又突出的部分。它是在整幅画中特别黝黑的部分，黑而有光亮。

浓墨　黑色的黑度，仅次于焦墨。焦墨可能有光泽，浓墨因为加入水分，虽黑而无光泽。

重墨　这是相对淡墨而说的，它比浓墨水分更多些，比淡墨则又显得黑一些。

淡墨　水分加多，成了灰色的叫淡墨。

清墨　这在墨彩上则是仅仅有一些淡灰色的影子，用这些影子去表现朝暮夕烟似的模糊形象。”（于非闇《中国画颜色的研究》（修订版）北京联合出版公司出版）。

彩画绘画使用的墨彩主要是浓墨、重墨、淡墨三彩，焦墨极少使用，清墨即便使用，蘸一下涮笔水也就足以了。

3. 墨材

简称“墨”，黑色颜料，需经研磨后才能使用的条状固体，为书画用墨。墨分松烟、油烟、漆烟墨3种。松烟墨颜色黝黑，色度较差，适宜书法；漆烟墨比油烟墨更黑、更亮，但价格昂贵，不适于彩画绘画；油烟墨较为适中，既黑又亮，有较好的墨色层次，是彩画绘画墨材的首选。

4. 落墨

为彩画绘画的一种技法，先用浓墨画出一幅白描画，再用重墨、淡墨润染形体，使其成为一幅水墨画。“落墨”绘画不使用任何颜色，如同黑白照片效果，同样具有较强的艺术感染力。

落墨绘画首先要画好白描。白描“用不同变化的线条（粗、细、长、短、曲、直、顿挫、干、湿等）来表现物体的形象、质感和神态，不加渲染称之白描”（王道中《我怎样画工笔牡丹》）。白描完成后，再用重墨、淡墨润染形体，使其具有立体感和水墨层次，这样便完成了落墨绘画，如香山见心斋“嫦娥奔月”和“天女散花”廊心落墨人物（见图5-5-24b、图5-5-25b）。

“落墨搭色”人物绘画，工序是“先开后染”，首先要画好一幅白描画，局部用重墨、淡墨润染形体，使其成为一幅水墨画，即“落墨”；“搭色”，是用少量的颜色进行敷色，即“搭”配上一点颜“色”。不管颜色如何脱落褪色，要始终保持为一幅完整的白描画。如李作宾于颐和园宜芸馆前廊步绘制的“羲之爱鹅”与“渊明爱菊”廊心人物，历60年的风吹日晒，颜色基本脱落，只有赭石的肤色可辨，仍为一幅完整的绘画，且“老味”十足，另有一番艺术感染力（图7-3-5a、图7-3-5b）。

三、随类敷彩

苏式彩画绘画的种类有人物、线法、山水、花鸟、翎毛、鱼虫等，每一个画种都有各自的敷彩准则和标准。以线法为例，“线法”是表现皇家园林秀丽景观的绘画类别，其中的建筑有做油漆彩画的（柱子为红色），也有做“原木烫蜡”的（构件楠木色）。如张举善、冯义合笔的宜芸馆垂花门迎风板线法，既有油漆彩画的建筑，也有“原木烫蜡”的建筑（图7-3-6）。

下面着重介绍彩画人物绘画的敷色：

1. 人物绘画使用的颜料

绘画颜色使用得越少，绘画难度越高，也就愈尊贵，彩画绘画做到了这一点。红、黄、蓝三原色是彩画绘画的主要用色。黑、白两色是现代绘画中的“间色”，彩画绘画使用的黑色颜料是“香墨”及“烟子”，白色主要是绘画载体被刷成白色的底色及辅助的白色颜料。过去的白色颜料是铅粉，后被钛白粉替代。下面讨论的颜料是不包括黑色的香墨（烟子）和白色的铅粉。

彩画绘画使用的矿物质颜料是赭石、石绿（鸡牌绿）、石黄。植物颜料为靛蓝（毛儿蓝）。人工合成颜料是银朱。

（1）赭石：又名代赭、血师、紫朱、土朱、铁朱、红石头、赤赭石等。红色系颜料。为氧化物类矿物赤铁矿的矿石，多伴随赤铁矿矿石产出。主要成分三氧化二铁，分子式：Fe_2O_3。最好的赭石产自山西雁门一带，古属代郡，故得名“代赭”。全体棕红色或铁青色，用手抚摸，则有红棕色粉末沾手，感觉滑润。表面有圆形乳头状的突起，为“丁头代赭”，是代赭中的上乘赭石。刘玉明先生曾送笔者一块“代赭”原石，是老画师在颐和园彩画绘画时使用的“丁头代赭”。近代被赭石膏替代，如冯义先生使用过的赭石膏。

赭石，是彩画绘画不可缺少的主要用色。赭石与任何材料调配都不发生化学反应，可单独使用，也可调和其他颜料后使用，是一种用途广泛的绘画颜料。与墨或其他颜料混合使用，可调出丰富多彩的颜色。在彩画绘画中，常作为山峦、树干、山石、地面、翎毛的主色，在人物画中，常用于人物的肤色。是彩画绘画中不可缺少的最重要的绘画颜料。

（2）毛儿蓝：即靛蓝，又称青靛、靛青，简称靛。是古老的蓝色植物染料和颜料。“青出于蓝”成语源于先秦荀况《荀子·劝学》：“青，取之于蓝而青于蓝；冰，水为之而寒于水。”青，是指靛青（蓝靛）；蓝是指蓝草，如菘蓝、蓼蓝、木蓝等。它的原意为靛青是从蓝叶中提炼出来的，但颜色比蓝叶更深。

“毛儿蓝”一词源于毛蓝布，毛蓝布又源于毛青布。毛蓝布，即毛青布。一般的坯布在染色前都要经过烧毛处理，使布面平整、光洁，不做烧毛处理的便是“毛蓝布”。“毛儿蓝”，是彩画工匠创造的彩画颜料名词，一语双关，既为毛儿蓝布的染色染料，又代表毛蓝布的颜色。北京话多儿话音，故将印染毛蓝布的染料称“毛儿蓝”。“毛儿蓝”的色彩就是蜡染布和牛仔裤的颜色。彩画作“毛儿蓝”一词的使用已不下百年，随着印染业的发展，彩画绘画率先使用人工合成的蓝靛染料，传统的植物颜料靛蓝被替代。

花青：又称靛花、淀花、蓝露、靛沫花、青缸花、青蛤粉等，医用名“青黛”。花青是重要的植物颜料，其色彩无法替代。花青的颜色与普蓝（普鲁士蓝）相仿，但比普蓝更加鲜艳，有抗拒日光，不太变色的特点。花青是蓝靛制作时的副产品，亦可单独加工。为中国画画家们必备的青色颜料，传统的彩画绘画使用极少。花青在现代彩画绘画有用于白活绘画，是彩画中的“小色”，需要花青时，到药店里买一点就够用的了。

（3）银朱：又名红硃、汞红。异名灵砂、心红、水华朱、粉紫霜、猩红。为人工合成的硫化汞。是我国古代发明最早的人工合成的化学颜料，分子式：HgS。银朱颜色纯正，色泽鲜艳，有极高的附着力，既耐酸又耐碱，颜色持久。银朱的用途非常广泛。从古至今是壁画、彩画、雕塑和绘画的主要红色颜料，也是制作红色颜料光油的颜料。银朱还有防虫防蛀功能，过去夹在古书中防虫蛀的丹纸就是用银朱制作的。中国书画用的上等印泥、名贵漆器都离不开银珠。染色染料中的“煮红”也是上等的银朱。

国产银朱的生产分南北，南方主要产地有福建（漳州）、广东（佛山）、上海等地，北方主要产地是河北、天津等地。国产银朱的质量都很好，使用哪的银朱取决于工匠的习惯和采购的便利，故宫彩画用的银朱以南方产银朱为主，颐和园彩画使用的银朱多选自北方。民国年间进口的染料中被称为“煮红”“头等煮红”的红色染料，也被画师们用于彩画中的绘画，是非常好的红色颜料。

（4）石绿：产于氯铜矿和副氯铜矿，系铜的化合物，为矿物质颜料。“石绿”又名岩绿青、碧青等。《本草纲目》载：“石绿，阳石也。生铜坑中，乃铜之粗气也。铜得阳气而生绿，绿久则成石，即石绿也”。石绿为铜的化合物，有毒。云南会泽、东川、贡山的石绿最好，广西南丹、宾阳的略差。呈结核状的蛤蟆背为上品。石绿覆盖力强，颜色艳丽明快。因国产量很小，清代中晚期被洋绿取代。

“鸡牌绿”是商标为“鸡牌”的石绿。产自德国，故称之为“洋绿”。“鸡牌绿”实为矿物质的绿色颜料，准确地应该称之为德国生产的石绿，与传统的石绿颜料相同，是极好的绿色颜料。

彩画作使用“洋绿”是从清中期开始的。鸡牌绿在中国建筑彩画中已使用了100多年，是最好的绿色颜料，其颜色纯正，色彩鲜明，覆盖力强，不易褪色，使用方便，是国产石绿最好的替代品。彩画中既用于大色也用于小色。如三国人物绘画，关羽身着绿色的战袍，用鸡牌绿画出的效果最好。

20世纪60~70年代“加拿大绿”替代了“鸡牌绿”。“加拿大绿”也是不错的一种石绿，比鸡牌绿要艳丽一些；20世纪80~90年代“巴黎绿”又替代了“加拿大绿”。巴黎绿的色彩不如加拿大绿，更不如“鸡牌绿”。“巴黎绿”色彩偏暗，但还是不错的绿色颜料。“加拿大绿”和“巴黎绿”主要用于彩画中的“大色”，用于彩画绘画不够理想。

（5）石黄：从字面来看，“石黄”可理解为用黄色石块制成的颜料。石黄是用哪种黄色的石头制成的，在绘画、彩画等行业中是有误区的。“石黄是正黄色，雄黄是橙黄色，雌黄是金黄色，土黄是土的黄色”的说法并不准确。两千多年来，用于绘画、彩画、壁画、彩塑的石黄，是纯正的雌黄矿石研制的。

雄黄、雌黄是同矿共生的，被称为“夫妻之道”“鸳鸯矿物”。雄黄是红色的，颜色鲜红或橙红色，条痕淡橘红色。雄黄与辰砂的颜色很相似，但辰砂密度大，条痕为鲜红色。雄黄是红色的，区别两者并不难。雄黄长期受光照会变成橘红色，最终会变成雌黄。雌黄为正黄色的，雌黄中夹杂雄黄时，研制的石黄偏橘红色；雌黄中不夹杂雄黄时，研制的石黄为金黄色；雌黄外层较软的部分，研制的黄色为土黄色。

藤黄：植物颜料，黄色透明。因产于一种海藤树的植物上被称为“藤黄”。海藤树为热带植物，属金丝桃科。采集时在树上凿孔，插入竹管，使黄色液体流出，收集脱水后即为“藤黄”。藤黄味酸，有毒，用时入胶。以产于东南亚一带为上品。以越南藤黄最好，而称为“月（越）黄”，唐朝传入中国而称“真腊面黄”，又称“林邑之黄”。藤黄易溶于水，依加水数量产生不同色度。缺点是不耐光，延年性差。主要用于小色。

2. 彩画绘画敷色

赭石和毛儿蓝是彩画绘画的基本颜色，辅助颜色是银朱、鸡牌绿和石黄。大多数彩画绘画用2种或3种颜色，也可以用1种颜色进行绘画，用4种或5种颜色可以绘画出极其丰富的色彩。

（1）赭石或毛儿蓝单颜色绘画：以墨绘画为主，只用赭石一种颜色点缀的绘画，为赭石单颜色绘画。如李作宾颐和园谐趣园宫门北抱厦中的“喜鹊蹬梅”迎风板花鸟，迎风板底色是白色，梅花的花蕾用铅粉进行了强调。画面乍看是一幅水墨画，仔细观察时，仅在梅花的枝干上染了一点赭石颜色，喜鹊的身上也随墨加入了赭石颜色，使整个画面“墨气”十足，清雅高贵（图7-3-7a、图7-3-7b）；毛儿蓝单颜色绘画的代表是王贵于石丈亭上绘制的部分聚锦花鸟，以墨为主，仅用了一点点毛儿蓝颜色（图7-3-8）

（2）赭石、毛儿蓝两种颜色绘画：使用赭石和毛儿蓝两种颜色的绘画是彩画绘画中最多最普遍的。在人物绘画中，人的肤色占用了赭石一种颜色，服饰和景物敷色最少使用一种颜色，那就是毛儿蓝。赭石和毛儿蓝可调配出沉稳的绿色。赭石使用的多一些，可为暖色调绘画，毛儿蓝使用多时，画面为冷色调。孔令旺于眺远斋上绘制的“鹬蚌相争渔翁得利”成语故事人物绘画，使用了赭石、毛儿蓝两种颜色，画面清新简洁，使渔翁的形象更为突出（图7-3-9）；

（3）赭石、毛儿蓝、鸡牌绿3种颜色绘画：这是孔令旺画师最擅长使用的3种颜色，留下的作品很多，最具代表性的是颐和园谐趣园知春堂上的“风尘三侠”包袱人物（图7-3-10）；

（4）赭石、毛儿蓝、银朱三种颜色绘画：李作宾的绘画以赭石、毛儿蓝两色为主，但在个别绘画中也能够大胆地使用红色。如长廊上的“二顾茅庐”、宜芸馆游廊上的“曹操睡觉”、宜芸馆后门廊上的“扫雪”包袱人物都是大胆使用红色的优秀实例（图 7-3-11）；

（5）赭石、毛儿蓝、银朱、鸡牌绿 4 种颜色绘画：此 4 种颜色人物绘画的代表作是孔令旺于颐和园长廊上绘制的“辕门射戟”包袱人物（图 7-3-12）；

（6）赭石、毛儿蓝、银朱、石黄 4 种颜色绘画：此 4 种颜色人物绘画的代表作是张希龄于宜芸馆游廊上绘制的《东周列国志》包袱人物（图 7-3-13）；

（7）赭石、毛儿蓝、银朱、鸡牌绿、石黄 5 种颜色绘画：5 种颜色人物绘画的代表作是孔令旺于北京潭柘寺行宫院绘制的“竹林七贤”包袱人物（图 7-3-14）。

3. 红颜色的使用要领

红颜色鲜艳突出，彩画绘画应当慎用。红色用不好会破坏一座建筑彩画的整体效果，同时也破坏自身的绘画。也就是说，在一座建筑主要看面彩画中不要使用突出红色的绘画，应融入彩画整体的色调中。在三国人物绘画中，赤兔马如按小说描写的画成炭火的颜色，画面突出的是一匹马，必然冲淡人物的绘画。因此，在三国人物绘画中赤兔马多画成黑色，从而突出人物形象。

李作宾是巧用红色的老画师，在他的大多数绘画中，乍看就是赭石、毛儿蓝两种颜色，细品时不经意处总是有一点为画面提神的红色。如李作宾于宜芸馆后门廊上绘制的“卫灵公好鹤”包袱人物最为典型：丹顶鹤头顶上的红色与卫灵公的鞋尖和裤线的红色相呼应，使以赭石、毛儿蓝两色为主的敷色绘画显得格外清新醒目。李作宾根据画面需要，也有不少大胆使用红色的绘画。如颐和园对鸥舫上的“夜战马超”包袱人物，因是夜战的场景，突出“墨气”和重用毛儿蓝颜色营造了夜战场景，用红色打破了黯淡的色调，特别着黑衣骑黑马的张飞，用红色点缀后形象最为突出（图 7-3-15a、图 7-3-15b）。

张希龄是善于使用红色的老画师，在使用赭石和毛儿蓝的基础上多配以银朱红色颜料，他的代表作是于颐和园“贵寿无极”绘制的“甘露寺”包袱人物，仅用赭石、毛儿蓝、银朱 3 种颜料，使绘画的颜色看起来极为丰富，悦目清心（图 7-3-16）。

“随类敷色”的颜色使用，以少而精为贵为尊，这是彩画绘画追求的目的。通过以上彩画绘画敷色的举例，可见中国建筑彩画绘画没有颜色可以绘画，用一种颜色也可以绘画，用两三种颜色是常规绘画，用四五种颜色可以绘画出色彩斑斓变化无穷的作品，令人震惊，叹为观止。用色少而精是中国建筑彩画绘画的主要特点，在用墨、用色上胜过任何画种的敷彩绘画，这一点是需要很好的总结和传承的。

四、经营位置

用现代的词汇解释“经营位置”那就是构图。彩画绘画大都依据粉本绘画，传统的粉本的画面基本是竖画幅的，而彩画绘画载体大都是横画幅的，将竖画幅粉本的画面变成横画幅的画面时，首要问题便是“经营位置”。

画师根据粉本和绘画载体的宽窄要进行二次设计。一是重新“经营位置”，以使竖画幅粉本的绘画内容合理地安排在横画幅的绘画载体上，这便是画师再创作的第一步；二是要“随类敷彩”，粉本大都是白画，只有白描的线条，画师必须设计形体的润染和敷色。“经营位置”和“随类敷彩”是决定彩画绘画作品好坏的关键。《古今名人画稿》《钱吉生人物画谱》《近代名画大观》、连环画受到画师们的青睐，主要原因是这些粉本是横画幅的画面，与彩画绘画载体形状较为接近，首先省去了“经营位置”的步骤。

苏式彩画中的包袱人物绘画，都是用在开间和进深的木构件上的，绘画载体大都不是平面的。不管是竖画幅粉本，还是横画幅粉本，都需要重新“经营位置”。以开间上的包袱为例，绘画载体于“一檩三件”上：最下面的是枋子，中间凹进去的是垫板，上面圆形的是檩条，古建行当称之为“一檩三件”。枋子基本被包袱边框（烟云）占用，绘画内容都要安排在凹进去的垫板和突出的半圆形檩条上，给彩画绘画带来很大麻烦，画师首先要克服这些局限，在限定的绘画“位置”上合理地“经营”绘画内容。传统彩画绘画都是在现场直接绘画的，画师在架子上，先于绘画载体上打草稿，再到地面观察推敲构图，直到“经营位置”完全合理后再落笔绘画，这就是老彩画绘画“经营位置”大都合理的主要原因。

1979 年长廊彩画，包袱人物都是预制的，预制时看不出“经营位置”上的毛病，但个别的长廊现状彩画的包袱人物“经营位置”是有问题的。一是粘贴包袱时上下高度没有把握好。如孔令旺的“红孩儿”包袱人物粘贴偏上，红孩儿在檩条的上面，现已被尘土覆盖，看不见红孩儿，这幅画的意境也就不复存在了（图 7-3-17）。二是自身绘画经营位置不佳。如天津画师的“尧王访舜”包袱人物，舜的头贴在檩条的最下端，过于偏下，近看远观，舜的容颜都得不到最佳展现，问题源于“经营位置”不佳。包袱往上贴，尧帝的两个随从的头就跑到檩条的上面去了，包袱往下贴，尧帝的下身会被烟云盖住。预制包袱绘画时，两个随从要靠下靠边，让尧王的头于垫板偏上，使舜的头于檩中偏下就好了（图 7-3-18）。

依据粉本绘画“经营位置”和“随类敷色”最好的当属李作宾于颐和园长廊绘制的“桃花源记”迎风板人物（图 7-3-19a、图 7-3-19b、图 7-3-19c）。

李作宾“桃花源记”迎风板人物参照的粉本是沈心海的“桃园问津”白画，在“经营位置”上，很好地解决了竖画幅粉本在横画幅绘画载体上应用的关系，构图合理，疏密有致。李作宾将粉本上的人物、动物、飞禽、远山、近屋、桥梁、泊船、树木全部保留在绘画中，适当增加人物、鸡群及景观，使画面丰富多彩。

李作宾“桃花源记”迎风板人物用色十分考究。画面为冷色调。主要颜料是赭石和毛儿蓝，红色的银朱主要是小孩的上衣和盛开的桃花，用一点鸡牌绿将地面和山坡润染为草绿色。在“随类敷色”上，使用最少的颜料，达到丰富的颜色鲜果，是传统“落墨搭色”技法的高超技艺的体现，成为彩画绘画中的绝品。

第四节 凛尊粉本绘画

完全照搬粉本上的人物、摆件、景物于绘画载体上的绘画称为凛尊粉本绘画。凛尊粉本绘画是彩画人物绘画的一项基本原则，大部分画师都能够做到，如穆登科画师于宜芸馆游廊上绘制的“计收姜维”包袱人物（图 7-4-1a、图 7-4-1b）、孔令旺画师于眺远斋值房上绘制的“舌战群儒”包袱人物（图 7-4-2a、图 7-4-2b）、李作宾于谐趣园澄爽斋上绘制的“篮舆入社”迎风板人物等。

此外，聊斋人物绘画本身就不易辨认，即使能够辨认也容易记错，故聊斋人物改动创作的极少，都是凛尊粉本绘画的。

颐和园长廊有“烟波钓徙”成语包袱人物，是以《三希堂画宝》为粉本绘画的，绘画时没有凛尊粉本绘画，而是去掉了点题的鱼竿，失去了粉本绘画的意境，造成“时人不识余心乐”的误解。

烟波钓徙：烟波，指烟雾笼罩的江湖水面。钓徙，钓鱼的人。指隐居江湖不愿为官者。《新唐书 · 张志和传》：“以亲既丧，不复仕，居江湖，自称烟波钓徙。”张志和，唐朝“金华人。字子同，始名龟龄。年十六擢明径筹，以策干肃宗。因锡名，后坐事贬江南浦尉，赦还，居江湖，自称烟波钓徙。帝赏赐奴婢各一，志和配为夫妇，号渔童、樵青”（《中国人名大辞典》）。长廊“烟波钓徙”成语人物绘画，船中老者是张志和，读书的男孩是“渔童”（图 7-4-3a、图 7-4-3b）。

因此，彩画人物绘画应该坚持凛尊粉本绘画的基本原则，不要随意增减绘画内容。

第五节 参照粉本绘画

参照粉本绘画，是按粉本的画意进行再创作的绘画。不是原样照搬，也不是比葫芦画瓢，是参照粉本画意，在尊重粉本的前提下，重新“经营位置”和“随类敷彩”。这种绘画大都是青出于蓝而胜于蓝绘画作品。

一、张敞画眉

李作宾颐和园“张敞画眉”人物绘画多幅，是以《钱吉生人物画谱》上的“京兆画眉”为粉本绘画的。

1. 凛尊粉本绘画的“张敞画眉”

“京兆画眉”粉本上的人物、家具全部集结于画面的中间，过于拘谨。李作宾凛尊粉本绘画的长廊包袱人物和谐趣园瞩新楼的廊心人物，经营位置同样拘谨（图 7-5-1a、图 7-5-1b）。

2. 参照粉本绘画的“张敞画眉”

李作宾在宜芸馆绘画廊心时，左边将案几调换了方位，右边画上半个门洞，使背景成为一道隔断墙，“经营位置”舒展多了。李作宾对 3 个人物进行了较大的调整：粉本上的张敞只见面部轮廓，李作宾调整为四分脸儿，透过张敞眼神可见张敞为夫人画眉是认真细致的；夫人站姿改坐姿，手臂附于案上，放松自如地享受着丈夫的关爱；丫鬟的五分脸儿改画七分脸儿，羡慕地凝视着夫人。3 个人物被李作宾画“活了”，相互之间有互动，达到“气韵生动”艺术效果，是耐人寻味的一幅佳作（图 7-5-2）。

二、洞房续偶

李作宾于颐和园眺远斋绘制的“洞房续偶”迎风板人物，

参照的粉本是《图像三国志演义》中的“刘皇叔洞房续佳偶”全图。粉本上的孙尚香坐在床上，刘备坐在绣墩上，刘备眼前是跪着的丫鬟和兵器架，这些内容李作宾都是尊重粉本的“经营位置”，在人物上增加了两个丫鬟，洞房布置得更加华丽喜庆，在云龙床的后面，增加了屏风，屏风上画凤凰梧桐，与续偶的情节相呼应。在“随类敷彩”上，重用赭石、银朱两种颜色，整个画面呈暖色调，特别是用银朱勾画衣服和被褥上的纹饰，好似绣锦缎上的效果，增加了新人和洞房的喜庆气氛，是参照粉本绘画的经典之作（图 7-5-3a、图 7-5-3b、图 7-5-3c、图 7-5-3d）。

第六节
“腹本”人物绘画

“腹本”，即心中之粉本。“腹本”一词源于唐 · 王十朋集注：“唐明皇令吴道子往貌嘉陵山水，回奏云：‘臣无粉本，并记在心。’”

宋 · 苏轼《文与可画筼筜谷偃竹记》：“故画竹，必先得成竹于胸中。执笔熟视，乃见其所欲画者。急起从之，振笔直遂，以追其所见，如兔起鹘落，少纵即逝矣。”苏轼所言便是“胸有成竹”的道理。

宋 · 罗大经论画：“唐明皇命韩干观御府所藏画马。干曰：‘不必观也。陛下厩马万匹，皆臣之师。’李伯时工画马，曹辅为太仆卿。太仆厩舍御马皆在焉。伯时每过之，必终日纵观至不暇。与客语：大概画马者，必先有全马在胸中。若能积精储神，赏其神骏，久久则胸中有全马矣，信意落笔自超妙。所谓用意不分，乃凝于神者也。山谷诗云：‘李侯画骨亦画肉，下笔生马如破竹。’生字下得最妙。盖胸中有全马，故由笔端而生，初非想像模画也。”（巢勋临本《芥子园画传》第四集）

“腹本”是画家、画师、画匠能够牢记在心里的画稿。苏式彩画中的山水、线法、花鸟、翎毛大都依据“腹本”绘画，涉及的题材往往又是人们最熟悉的题材，人物绘画亦然。“腹本”人物绘画题材越简单越明了的就越好。如故宫储秀宫光绪年间绘画的“杜十娘怒沉百宝箱”聚锦人物，画面是水中船头上一位手捧宝盒站立船舷上的美女，后面跟着一位书生，这样的画面一看便会想起《杜十娘怒沉百宝箱》故事情节；又如北京万寿寺西路后罩楼光绪年间同一包袱两侧的聚锦人物都是读书的画面，一看便知是《三字经》“如囊萤，如映雪”的题材（图 7-6-1a、图 7-6-1b）；再如成语“对牛弹琴”题材的绘画，画面上抚琴人的面前站着一头牛就行了，如李作宾创作的颐和园眺远斋游廊“对牛弹琴”包袱人物和1959年长廊上的“对牛弹琴”聚锦人物（图 7-6-2）。

“腹本”人物绘画给画师带来更大的创作空间，园林古建公司老画师在颐和园创作了大量人物绘画精品。

一、张希龄腹本绘画精品

号称“美人张”的张希龄画师，在颐和园绘画了大量的《红楼梦》题材的包袱和聚锦人物，找不到相对应的粉本，都是张希龄根据《红楼梦》小说的描述而创作的。此外，《东周列国志》和《西厢记》人物绘画也都是依据腹本绘画的。

1. 江东二乔包袱人物

这一题材是画家们常画的仕女题材，如《古今名人画稿》有王素的绘画作品，《吴友如百美画谱》有吴友如的绘画作品，《马骀画宝》有马骀的绘画作品。“江东二乔”的绘画大都是两位美女读书的画面，有在室外的，也有在室内的，还有秉烛夜读的。张希龄画师抓住“两位美女读书”的特征于排云门内东配殿创作了“江东二乔”迎风板人物（图 7-6-3）。

2. 线法红楼梦人物

1964 年，颐和园湖山真意油饰彩画时，由张希龄与张举善及冯义开创了线法人物绘画的先河。张希龄绘画人物，题材全部是《红楼梦》；线法由张举善和冯义绘画。张希龄的人物绘画从来不用粉本，在线法中穿插绘画人物就更没有粉本了，线法绘画又从来不用粉本。因此，湖山真意上的线法红楼梦人物是完全依据“腹本”绘画的。绘画前，两位老画师先定原则，绘画中，再作微调。这样成就了湖山真意线法红楼梦人物十余幅，尤以大梁上的包袱人物为最（图 7-6-4a、图 7-6-4b、图 7-6-4c）。

二、李福昌腹本绘画精品

1. 长坂坡救阿斗

这一题材粉本不少，《图像三国志演义》《三国志演义图画》《绘图三国志鼓词》及各种连环画版本，均找不到与李福昌宜芸馆后院垂花门“长坂坡救阿斗”迎风板人物绘画一致的粉本，李福昌这幅绘画应是依据自己的“腹本”绘画的精品：追杀的曹兵逼近，子龙镇定地躬身苦劝哭泣的糜夫人上马，阿斗凝视着子龙叔叔，子龙的坐骑也期盼地回首等待，画面气韵生动，感人肺腑（图 7-6-5a、图 7-6-5b）。

2. 古城会

我们所能见到的“古城会”题材的绘画，大都是突出城下关羽的英雄气概，进行重墨渲染，将城楼上桴鼓的张飞一带而过。李福昌则反其道而行之，他在宜芸馆后院垂花门上的“古城会”迎风板人物，以突出张飞，淡化关羽的绘画技法，将张飞豪迈的英雄气概刻画得淋漓尽致（图 7-6-6a、图 7-6-6b）。

三、孔令旺腹本绘画精品

1. 太白醉写

“太白醉写”题材的绘画，也是孔令旺的专利。1960 年孔令旺在颐和园石丈亭上绘画的“太白醉写”包袱人物，精细传神，完全超越了匠画的水准，达到极高的艺术效果：李白醉写、唐玄宗静观、杨贵妃捧砚、高力士脱靴、杨国忠摇扇、番使持纸，将每个人物的形态、举止和内心活动表现得淋漓尽致。1981 年他在潭柘寺流杯亭上的“太白醉写”包袱人物，人物达 22 个，除保留着石仗亭绘画特征外，场面更加宏大壮观，可见他对这一题材胸有成竹的程度（图 7-6-7）。

2. 鱼藏剑

孔令旺善于“鱼藏剑”题材人物绘画，1979 年他在长廊上的“鱼藏剑”包袱人物，有 16 个人物；1981 年他在潭柘寺流杯亭上的“鱼藏剑”包袱人物，有 21 个人物（图 7-6-8）。根据绘画载体的大小宽窄，人物可随意增减变化，这便是“腹本”的作用。

3. 寄澜亭迎风板人物绘画

寄澜亭“八大锤 ”和“夜战马超”迎风板人物是孔令旺腹本绘画的代表作。

（1）八大锤：“八大锤”，说的是岳飞帐下的 4 位使双锤的小将大战陆文龙的故事。画面中央使双枪的是“双枪陆文龙”。4 个小将是：使“擂鼓瓮金锤”的第一金锤将岳云、使“八棱梅花亮银锤”的第二银锤将何元庆、使“青铜倭瓜锤”的第三铜锤将严成方、使“八卦镔铁锤”的第四铁锤将狄雷。经营位置采用中心构图，以双枪陆文龙为中心，四周是使双锤的 4 个小将，两侧是观战的兵甲，构成了激烈对战的宏大场面；随类敷彩重用赭石颜色，以暖色调画面呈现给了观众（图 7-6-9a、图 7-6-9b）。

（2）夜战马超：表现夜晚时分张飞大战马超的场景。经营位置采用左右对称式构图，采用传统“谱子”工艺，使两厢观战的将士达到完全的对称；随类敷彩重用毛儿蓝颜色，以冷色调画面表现张飞与马超决斗的夜晚场面。色调和构图与对面的“八大锤”迎风板人物绘画形成强烈的对比。

四、李作宾腹本绘画精品

1. 夜宴桃李园

夜宴桃李园是画家们乐于绘画的题材，多种画谱中均有收录。李作宾画师也善于这一题材的绘画，但任何粉本均不参照，早已在心中承载了一套绘画技法，形成了自己的绘画风格和特征。“夜宴桃李园”包袱人物：1960 年有颐和园谐趣园宫门内包袱人物、1979 年有颐和园鱼藻轩内包袱人物、1984 年有陶然亭公园慈悲庵内“陶然亭”内檐大梁上的包袱人物。3 幅“夜宴桃李园”包袱人物，人数多少有别，总体格局不变、达到了因地制宜，随心所欲的绘画境地（图 7-6-10a、图 7-6-10b）。

2. 清遥亭迎风板人物绘画

清遥亭“长坂坡”和“三英战吕布 ”迎风板人物是李作宾腹本绘画的代表作。“古法用笔”，以传统的“落墨搭色”技法为主，“五彩”墨色运用自如。在旌旗、远山的绘画上还融入了“洋抹”技法，增加了立体感。细部还使用了“兼工带写”和“硬抹实开”技法，刻画人物精细；“随类敷彩”，传统人物绘画的赭石、毛儿蓝、银朱、鸡牌绿、石黄五大主要颜料都使用了，其调配出的“间色”细腻斑斓，使画面用色丰富多彩，提神醒目。

（1）单骑救主：故事取自《三国演义》第四十一回“刘玄德携民渡江 赵子龙单骑救主”。赵云含泪推倒土墙埋了夫人，急忙抱起阿斗往外冲。……赵云纵马正走，背后忽有二将大叫：‘赵云休走！’前面又有二将，使两般军器，截住去路：后面赶的是马延、张顗，前面阻的是焦触、张南，都是袁绍手下降将。赵云力战四将，曹军一齐拥至。云乃拔青釭剑乱砍，手起处，衣甲平过，血如涌泉。杀退众军将，直透重围。却说曹操在景山顶上，望见一将，所到之处，威不可当，急问左右是谁。曹洪飞马下山大叫曰：‘军中战将可留姓名！’云应声曰：‘吾乃常山赵子龙也！’曹洪回报曹操。操曰：‘真虎将也！吾当生致之。’遂令飞马传报各处：‘如赵云到，不许放冷箭，只要捉活的。’因此赵云得脱此难；此亦阿斗之福所致也。这一场杀：赵云怀抱后主，直透重围，砍倒大旗两面，夺槊三条；前后枪刺剑砍，杀死曹营名将五十余员。后人有诗曰：

血染征袍透甲红，当阳谁敢与争锋！

古来冲阵扶危主，只有常山赵子龙。

李作宾依据小说描写在清遥亭创作了“单骑救主”迎风板人物。画面上旌旗招展，兵甲云集。赵云怀裹阿斗，单枪匹马位于中央，曹操的八员大将排列四周；右上角是观战的曹操，伸出右手，喊着：“我要活赵云！”整个画面“气韵生动”，特别是曹操八员大将的坐骑背向赵云，八匹马的神态都是惊恐万状的，只有赵云的坐骑昂胸抬头，气宇轩昂。仅以马的“气韵”，就表现了画面的“生动”，可谓李作宾的“腹本”经典绘画（图 7-6-11a、图 7-6-11b）。

（2）三英战吕布：绘画情节见《三国演义》小说第五回“发矫诏诸镇应曹公 破关兵三英战吕布”。故事背景为曹操联合十八路诸侯讨伐董卓，上将吕布一连打败众将之后，刘备、关羽、张飞三兄弟在虎牢关与吕布大战的情节。“三英”指刘备（字玄德）、关羽（字云长）、张飞（字翼德）。

关羽高举青龙偃月刀，张飞紧握丈八蛇矛，刘备舞起双剑，三人合力追杀吕布，吕布节节败退，被虎牢关下的曹操看得是一清二楚。画面动感强烈，气韵生动，是李作宾晚年创作的经典之作（图 7-6-12a、图 7-6-12b）。

3. 当阳桥上

李作宾于颐和园眺远斋绘制的“当阳桥上”包袱人物，是笔者最喜爱的彩画人物绘画之一（图 7-6-13a、图 7-6-13b）。每当看到这一绘画时，便想到马连良先生《甘露寺》中扮演乔玄的那段脍炙人口的“西皮原版转流水”的唱词：“他二弟翼德威风有，丈八蛇矛贯取咽喉。当阳桥上一声吼，喝断了桥梁水倒流。”李作宾的“当阳桥上”包袱人物，展现的是张飞一生中最亮丽的一点。

自研究粉本开始便寻觅这一绘画粉本，始终不能如愿，最终悟出，这一绘画是没有粉本的，是李作宾以“腹本”绘画的，用“气韵生动、古法用笔、随类敷彩、经营位置”彩画绘画四法衡量，是一幅无可挑剔的绘画珍品。特别是张飞的形象刻画得惟妙惟肖，连坐骑一同表现出英勇无畏的英雄形象。

“落墨”，焦、浓、重、淡、清五彩墨色俱全；“搭色”，以赭石和鸡牌绿矿物质颜料为主，既少而精。画面墨气十足，成为典型的传统的“落墨搭色”人物绘画的绝品。

图 7-1-1a　钱慧安“纨扇扑萤”画稿（选自天津人民美术出版社《钱慧安白描精品选》）

图 7-1-1b　沈心海“月上柳梢头”绘画（选自光绪乙酉年《海上名人画稿》）

图 7-1-2a 王叔辉《孔雀东南飞》连环画手稿第 2 图

2 祝府的家规很严，从来不许女儿出大门一步，英台平时在家，精神很郁闷。有一天，她正在窗口闲眺，忽然看到一群外地学生到杭州去求学，心里非常羡慕……

图 7-1-2b 王叔辉《孔雀东南飞》连环画第 2 图

图 7-1-3a　陆鹏“举案齐眉”绘画粉本（选自上海大东书局《近代名画大观》）

图 7-1-3b　李作宾绘制使用的“举案齐眉”自用画稿（张民光赠）

图 7-1-3c　李作宾 1961 年在颐和园谐趣园瞩新楼绘制的“举案齐眉”廊心人物

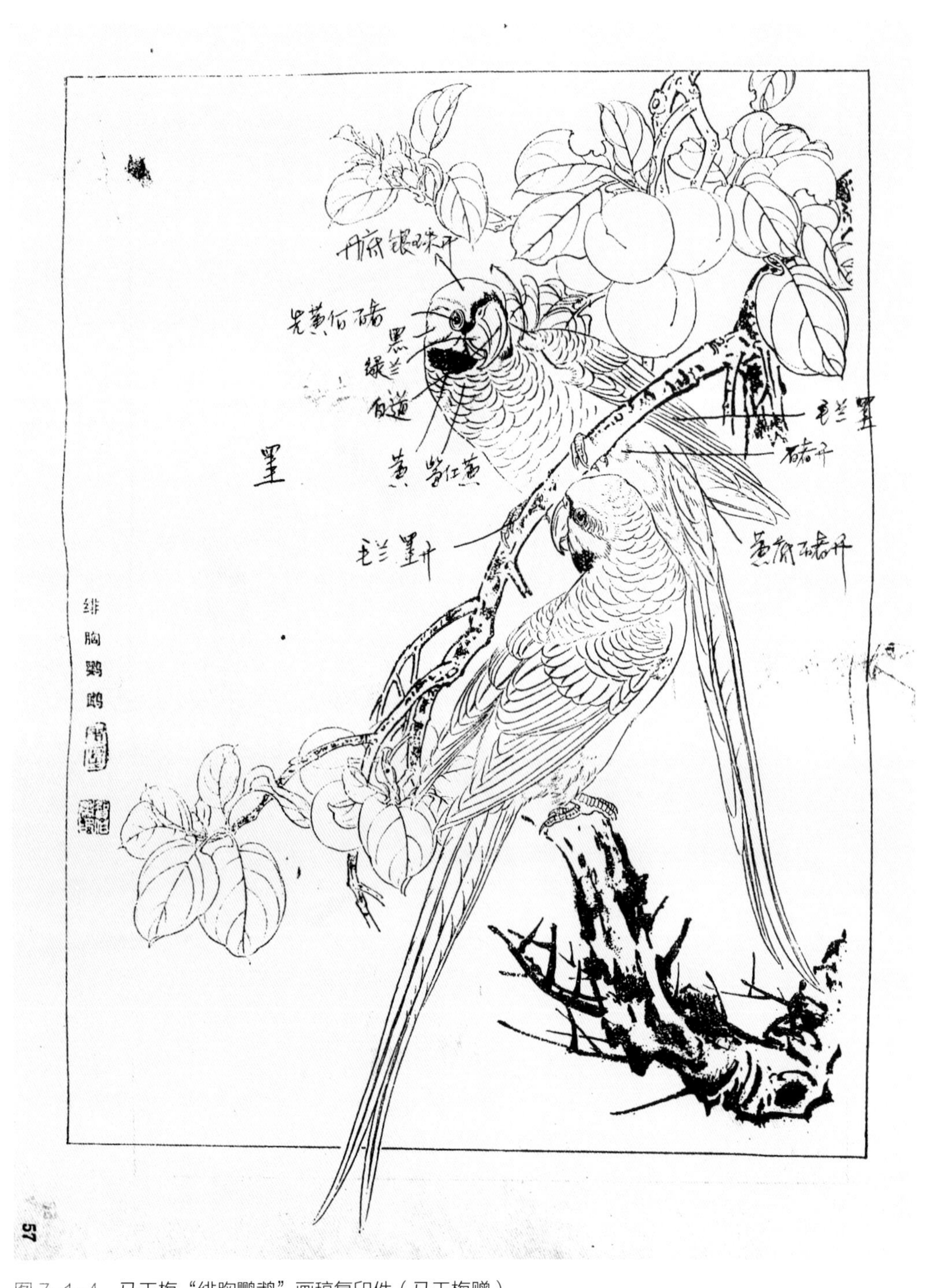

图 7-1-4　马玉梅“绯胸鹦鹉”画稿复印件（马玉梅赠）

图 7-2-1a　《芥子园画传》“浮羽拂波”粉本（选自上海千顷堂原稿，发文新书局石印《芥子园画传》）

图 7-2-1b　王素“浴波双喜”花鸟绘画粉本（选自上海大东书局《近代名画大观》）

图 7-2-1c　杨继民在颐和园长廊绘制的“浴波双喜”包袱花鸟

图 7-2-2a 《芥子园画传》“燕尔同栖”粉本（选自上海千顷堂原稿，发文新书局石印《芥子园画传》）

图 7-2-2b 冯珍为冯义画的“桃柳燕”课徒画稿（冯义收藏）

图 7-2-3a　冯珍在颐和园宜芸馆游廊绘制的“桃柳燕”方心花鸟

图 7-2-3b　冯珍在颐和园宜芸馆游廊绘制的“杏花春燕”聚锦花鸟

图 7-2-4a 李作宾在颐和园北宫门东朝房绘制的“一顾茅庐”包袱人物

图 7-2-4c 孔令旺在颐和园临河殿绘制的“三顾茅庐”包袱人物

图 7-2-4b　孔令旺在颐和园谐趣园绘制的“二顾茅庐”包袱人物

图 7-2-5　李作宾在颐和园宜芸馆后门廊绘制的“承彦桥归”包袱人物

图 7-2-6 李作宾在颐和园宜芸馆绘制的“赵颜求寿”包袱人物

图 7-2-7 李福昌在颐和园山色湖光共一楼西爬山廊绘制的“仙人对弈”方心人物

图 7-2-8　孔令旺在颐和园谐趣园绘制的“麻姑献寿”包袱人物

图 7-2-9　孔令旺在颐和园宜芸馆绘制的“王质烂柯”包袱人物

图 7-2-10　李作宾在颐和园谐趣园绘制的“王质烂柯”包袱人物

图 7-2-11　光绪年间故宫储秀宫翊坤殿“武试考场”方心人物

图 7-2-12a 《图像三国志》“孙权遗书退老瞒”粉本（选自 2001 年山西人民出版社《图像三国志》）

图 7-2-12b 李作宾在颐和园宜芸馆游廊绘制的“曹操做梦”包袱人物

图 7-2-13a 《图像三国志》“曹丕乘乱纳甄氏”粉本（选自 2001 年山西人民出版社《图像三国志》）

图 7-2-13b 李作宾在颐和园宜芸馆游廊绘制的“曹丕乘乱纳甄氏”包袱人物

图 7-2-14a 《聊斋志异图咏》“小二”粉本（选自上海古籍出版社线装小本《聊斋志异图咏》）

图 7-2-14b 李作宾在颐和园长廊绘制的“小二”包袱人物

图 7-2-15b　李作宾在颐和园长廊绘制的“玉人纤指”包袱人物

图 7-2-15a　光绪戊申上海育文书局石印《古今名人画稿》“玉人纤指”粉本

图 7-2-15c　《王小梅百美图》“玉人纤指”粉本（选自上海古籍出版社《书韵楼丛刊》）

图 7-2-16a　钱慧安“广寒秋色”粉本（选自宣统三年《钱吉生人物画谱》）

图 7-2-16b　李作宾在颐和园长廊绘制的“广寒秋色”包袱人物

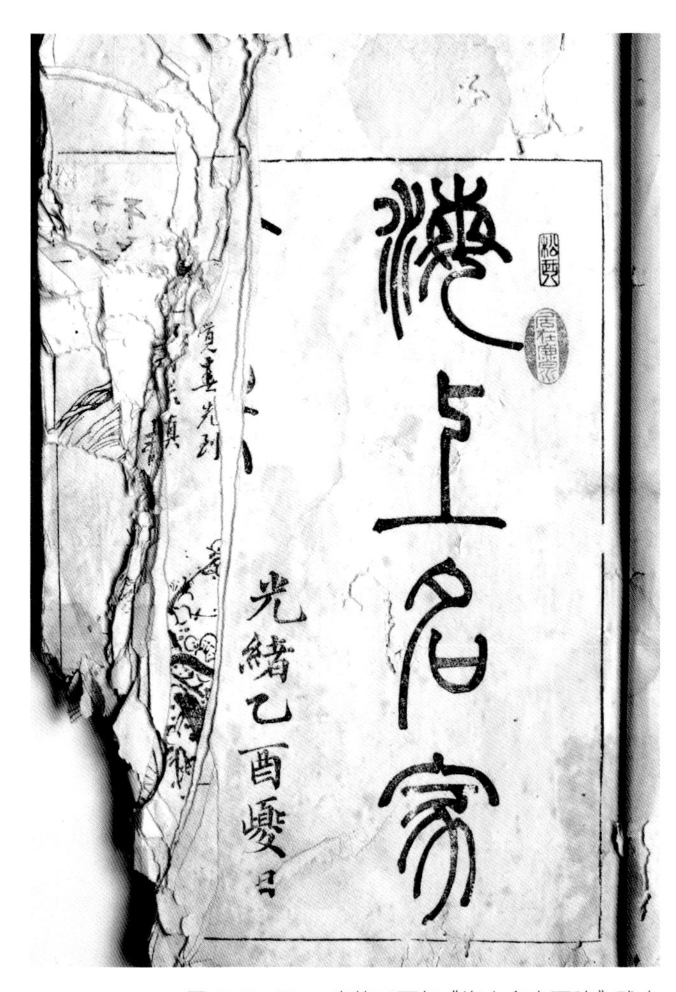

图 7-2-17a　光绪乙酉年《海上名家画稿》残本

图 7-2-17b　沈心海“江东双丽”粉本（选自光绪乙酉年《海上名家画稿》）

图 7-2-17c　李作宾在颐和园长廊绘制的“江东二乔”包袱人物

图 7-2-18a　1981 年北京工艺美术厂《仕女参考图集》“献寿”粉本

图 7-2-18b　颐和园福荫轩“献寿”包袱人物

图7-2-19a　贺伯英《鸟类动态写生》第74页“仙鹤”粉本

图7-2-19b　马玉梅在颐和园乐寿堂绘制的“双鹤劲松”迎风板花鸟

图 7-3-1　李作宾在颐和园鱼藻轩绘制的“千里走单骑”包袱人物

图 7-3-2　张希龄在颐和园贵寿无极绘制的《红楼梦》包袱人物

图 7-3-3　李作宾在颐和园谐趣园绘制的“高衙内调戏林娘子”迎风板人物

图 7-3-4 颐和园宜芸馆后门廊内檐“觅果的熊仔”包袱翎毛

图 7-3-5b　李作宾 1957 年在年颐和园宜芸馆绘制的“渊明爱菊”廊心人物

图 7-3-5a　李作宾在 1957 年在颐和园宜芸馆绘制的“羲之爱鹅”廊心人物

图 7-3-6　张举善与冯义合笔颐和园宜芸馆垂花门迎风板线法

图 7-3-7a　李作宾用赭石单色绘画的“喜鹊蹬梅”迎风板花鸟

图 7-3-7b　李作宾用赭石单色绘画的“喜鹊蹬梅”迎风板花鸟（局部）

图 7-3-8 王贵用毛儿蓝单色绘画的“鸳鸯戏水”聚锦花鸟

图 7-3-9 孔令旺用赭石、毛儿蓝双色绘画的“鹬蚌相争渔翁得利”包袱人物

图 7-3-10　孔令旺用赭石、毛儿蓝、鸡牌绿 3 种颜色绘画的“风尘三侠”包袱人物

图 7-3-11　李作宾用赭石、毛儿蓝、银朱 3 种颜色绘画的“扫雪”包袱人物

图 7-3-12 孔令旺用赭石、毛儿蓝、银朱、鸡牌绿 4 种颜色绘画的“辕门射戟”包袱人物

图 7-3-13　张希龄用赭石、毛儿蓝、银朱、石黄 4 种颜色绘画的《东周列国志》包袱人物

图 7-3-14　孔令旺用赭石、毛儿蓝、银朱、鸡牌绿、石黄5种颜色绘画的“竹林七贤”包袱人物

图 7-3-15a　李作宾巧用红色绘画的“卫灵公好鹤”包袱人物

图 7-3-15b　李作宾大胆使用红色绘画的“夜战马超”包袱人物

图 7-3-16　张希龄善用红色绘画的“甘露寺”包袱人物

图 7-3-17　孔令旺在颐和园长廊绘制的“红孩儿”包袱人物

图 7-3-18　天津画师在颐和园长廊绘制的“尧王访舜”包袱人物

图 7-3-19a　沈心海“桃园问津”粉本（选自光绪乙酉年《海上名人画稿》）

图 7-3-19b　李作宾在颐和园长廊绘制的“桃花源记”迎风板人物

图 7-3-19c　李作宾在颐和园长廊绘制的“桃花源记”迎风板人物（局部）

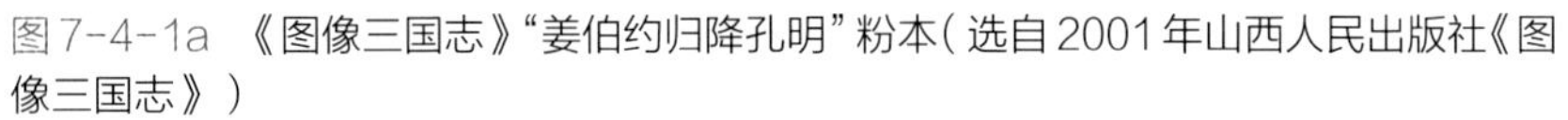

图7-4-1a 《图像三国志》"姜伯约归降孔明"粉本(选自2001年山西人民出版社《图像三国志》)

图 7-4-1b 穆登科在颐和园宜芸馆绘制的“计收姜维”包袱人物

图 7-4-2a 《图像三国志》“诸葛亮舌战群儒”粉本（选自 2001 年山西人民出版社《图像三国志》）

图 7-4-2b 孔令旺在颐和园眺远斋绘制的“舌战群儒”包袱人物

图 7-4-3a　《三希堂画宝》"烟波钓徒"粉本（选自 1982 年北京市中国书店《三希堂画宝》）

图 7-4-3b　天津画师在颐和园长廊绘制的"烟波钓徒"包袱人物之一

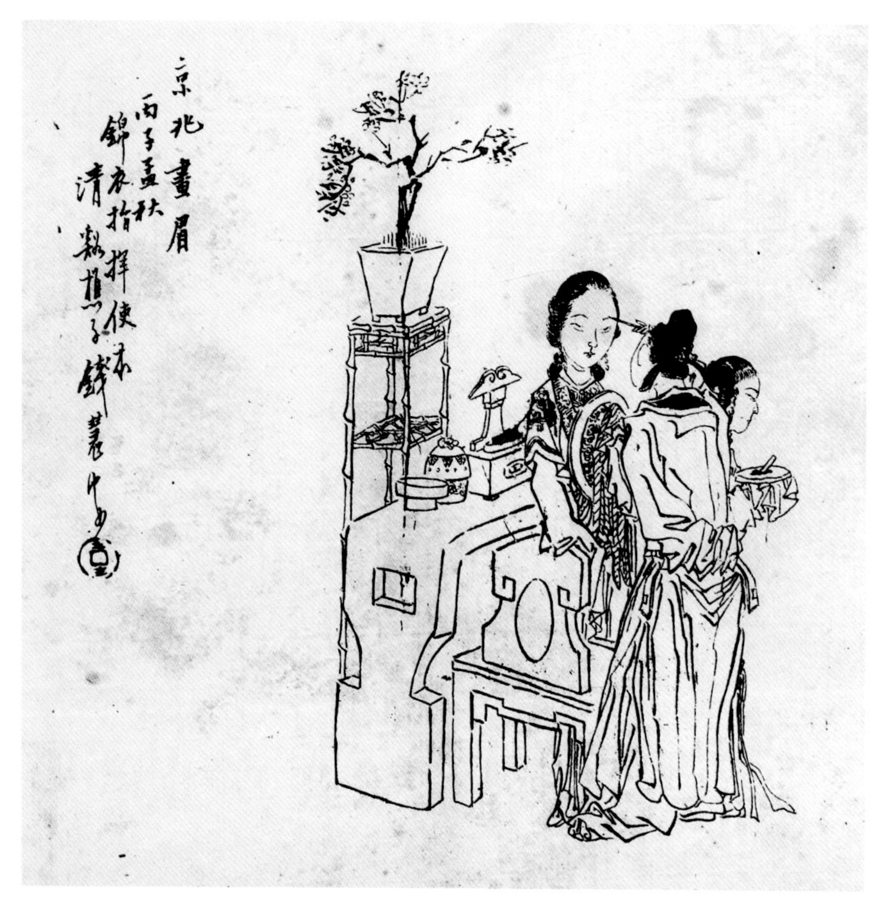

图 7-5-1a　钱慧安“京兆画眉”粉本（选自宣统三年《钱吉生人物画谱》）

图 7-5-1b　李作宾在颐和园谐趣园瞩新楼凛尊粉本绘画的“张敞画眉”廊心人物

图 7-5-2 李作宾在颐和园宜芸馆参照腹本绘画的“张敞画眉”廊心人物

图 7-5-3a　《图像三国志》“刘皇叔洞房续佳偶”粉本（选自 2001 年山西人民出版社《图像三国志》）

图 7-5-3b　李作宾在颐和园眺远斋绘制的“洞房续偶”迎风板人物

图 7-5-3c　李作宾在颐和园眺远斋绘制的“洞房续偶”迎风板人物（局部一）

图 7-5-3d　李作宾在颐和园眺远斋绘制的“洞房续偶”迎风板人物（局部二）

图 7-6-1a 光绪年间北京万寿寺西路后罩楼“如囊萤”聚锦人物

图 7-6-1b 光绪年间北京万寿寺西路后罩楼“如映雪”聚锦人物

图 7-6-2 李作宾 1959 年在颐和园长廊绘制的“对牛弹琴”聚锦人物

图7-6-3 张希龄在颐和园排云殿建筑群绘制的“江东二乔”迎风板人物

图 7-6-4a　张希龄、张举善、冯义合笔在颐和园湖山真意绘制的《红楼梦》线法人物之一

图 7-6-4b　张希龄、张举善、冯义合笔在颐和园湖山真意绘制的《红楼梦》线法人物之二

图 7-6-4c　张希龄、张举善、冯义合笔在颐和园湖山真意绘制的《红楼梦》线法人物之三

图 7-6-5a　李福昌在颐和园宜芸馆后院垂花门绘制的“长坂坡救阿斗”迎风板人物

图 7-6-5b　李福昌在颐和园宜芸馆后院垂花门绘制的“长坂坡救阿斗”迎风板人物（局部）

图 7-6-6a 李福昌在颐和园宜芸馆后院垂花门绘制的“古城会”迎风板人物

图 7-6-6b　李福昌在颐和园宜芸馆后院垂花门绘制的“古城会”迎风板人物（局部）

图 7-6-8　孔令旺在北京潭柘寺流杯亭绘制的“鱼藏剑”包袱人物

图 7-6-7　孔令旺在北京潭柘寺流杯亭绘制的“太白醉写”包袱人物

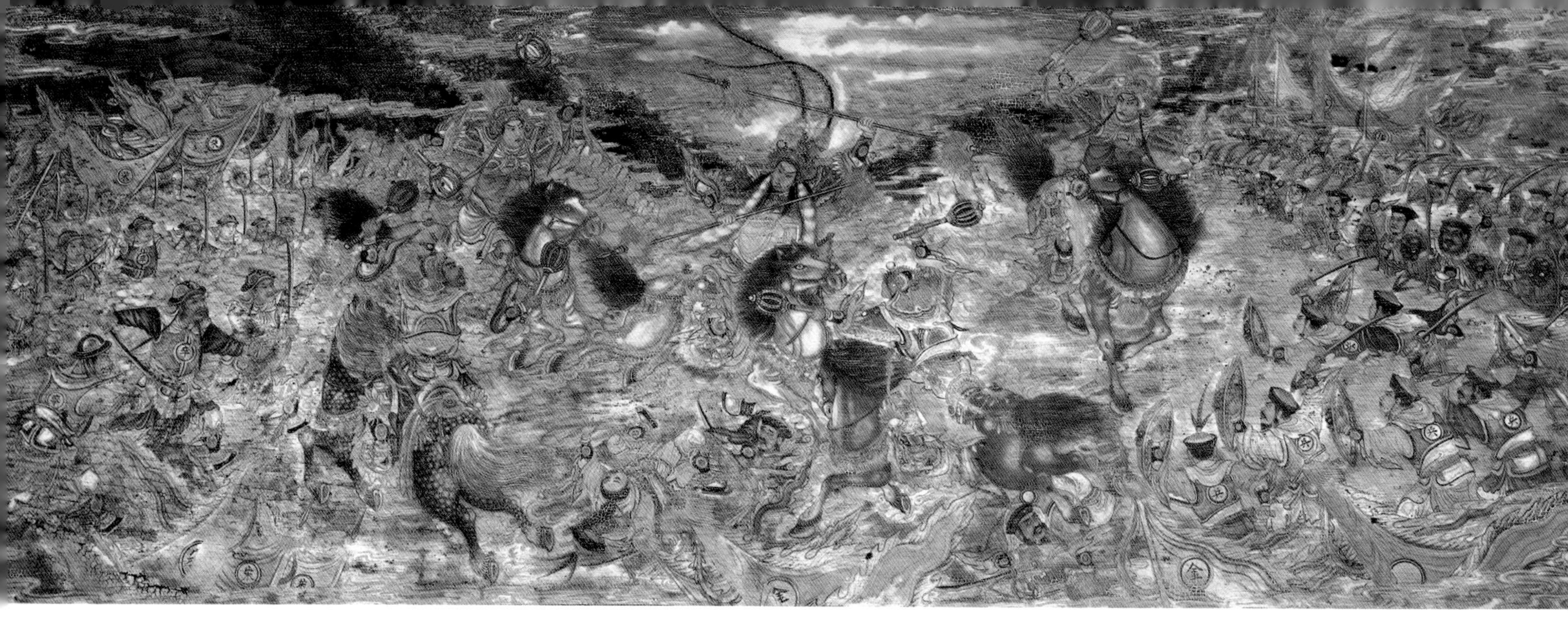

图 7-6-9a　孔令旺在颐和园长廊寄澜亭绘制的“八大锤”迎风板人物

图 7-6-9b　孔令旺在颐和园长廊寄澜亭绘制的“八大锤”迎风板人物（局部）

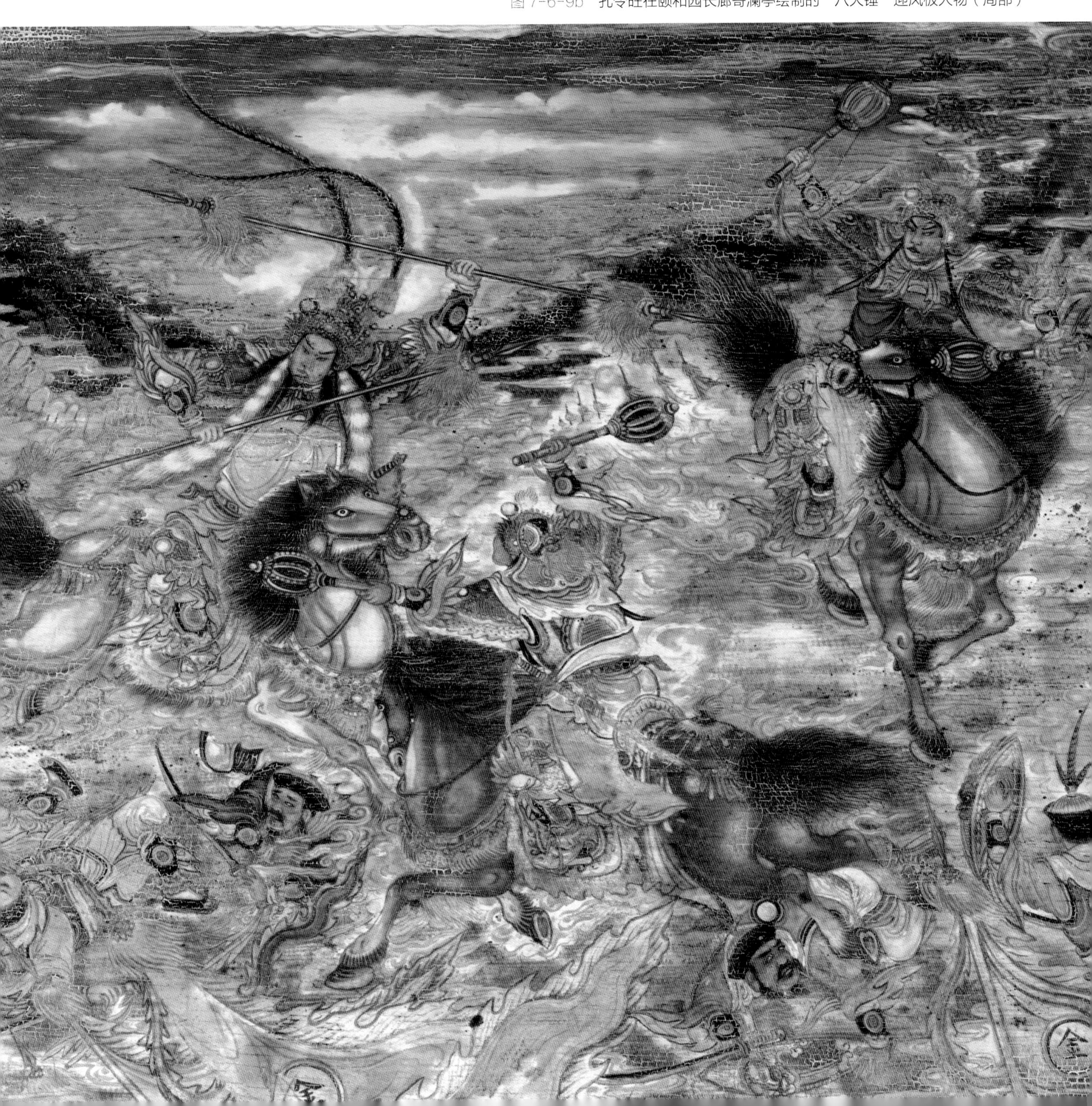

图 7-6-10a　李作宾在颐和园谐趣园宫门绘制的“夜宴桃李园”包袱人物

图 7-6-10b　李作宾在颐和园鱼藻轩绘制的“夜宴桃李园”包袱人物

图 7-6-11a　李作宾在颐和园长廊清遥亭绘制的“长坂坡”迎风板人物

图 7-6-11b　李作宾在颐和园长廊清遥亭绘制的“长坂坡”迎风板人物（局部）

图 7-6-12a　李作宾在颐和园长廊清遥亭绘制的“三英战吕布”迎风板人物

图 7-6-12b　李作宾在颐和园长廊清遥亭绘制的“三英战吕布”迎风板人物（局部）

图 7-6-13a　李作宾在颐和园眺远斋绘制的“当阳桥上”包袱人物

图 7-6-13b　李作宾在颐和园眺远斋绘制的“当阳桥上”包袱人物（局部）